华章 IT

HZBOOKS | Information Technology

U0200295

大数据
技术丛书

Apache Spark Machine
Learning Blueprints

Apache Spark
机器学习

[美] 刘永川（Alex Liu） 著

闫龙川 高德荃 李君婷 译

机械工业出版社
China Machine Press

图书在版编目（CIP）数据

Apache Spark 机器学习 / （美）刘永川（Alex Liu）著；闫龙川，高德荃，李君婷译 . 一北京：机械工业出版社，2017.3

（大数据技术丛书）

书名原文：Apache Spark Machine Learning Blueprints

ISBN 978-7-111-56255-9

I. A… Ⅱ. ①刘… ②闫… ③高… ④李… Ⅲ. 数据处理软件 - 机器学习 Ⅳ. TP274

中国版本图书馆 CIP 数据核字（2017）第 043165 号

本书版权登记号：图字：01-2016-8649

Apache Spark 机器学习

出版发行：机械工业出版社（北京市西城区百万庄大街 22 号　邮政编码：100037）

责任编辑：缪　杰　　　　　　　　　　责任校对：李秋荣

印　　刷：三河市宏图印务有限公司　　版　　次：2017 年 3 月第 1 版第 1 次印刷

开　　本：186mm×240mm　1/16　　　印　　张：13.75

书　　号：ISBN 978-7-111-56255-9　　定　　价：59.00 元

凡购本书，如有缺页、倒页、脱页，由本社发行部调换

客服热线：（010）88379426　88361066　　　投稿热线：（010）88379604

购书热线：（010）68326294　88379649　68995259　　读者信箱：hzit@hzbook.com

近年来，大数据发展迅猛，如雨后春笋般出现在各行各业，企业收集和存储的数据成倍增长，数据分析成为企业核心竞争力的关键因素。大数据的核心是发现和利用数据的价值，而驾驭大数据的核心就是数据分析能力。面向大数据分析，数据科学家和专业的统计分析人员都需要简单、快捷的工具，将大数据与机器学习有机地结合，从而开展高效的统计分析和数据挖掘。

为了解决大数据的分析与挖掘问题，国内外陆续出现了很多计算框架与平台，其中，Apache Spark 以其卓越的性能和丰富的功能备受关注，其相应的机器学习部分更是让人激动不已。本书的作者 Alex Liu 先生密切结合实际，以清晰的思路和精心的选题，详细阐述了 Spark 机器学习的典型案例，为我们的大数据分析挖掘实践绘制了精美蓝图。

本书首先介绍了 Apache Spark 概况和机器学习基本框架 RM4E，其中包括 Spark 计算架构和一些最重要的机器学习组件，把 Spark 和机器学习有机地联系在一起，帮助开展机器学习有关项目的读者做好充分准备。接着，作者介绍了 Spark 机器学习数据准备工作，包括数据加载、数据清洗、一致性匹配、数据重组、数据连接、特征提取以及数据准备工作流和自动化等内容。完成了数据准备工作后，我们就跟随作者进入到本书的核心部分，实际案例分析。作者围绕 Spark 机器学习先后介绍了 9 个案例，内容涵盖整体视图、欺诈检测、风险评分、流失预测、产品推荐、教育分析、城市分析和开放数据建模等方面，囊括了大数据分析挖掘的主要应用场景。在每个案例中，作者对所使用的机器学习算法、数据与特征准备、模型评价方法、结果的解释都进行了详细的阐述，并给出了 Scala、R 语言、SPSS 等环境下的关键代码，使得本书具有非常强的实用性和可操作性。

无论读者是数据科学家、数据分析师、R 语言或者 SPSS 用户，通过阅读本书，一定能够对 Spark 机器学习有更加深入的理解和掌握，能够将所学内容应用到大数据分析挖掘的具体工作中，并在学习和实践中不断加深对 Spark 大数据机器学习的理解和认识。

大数据时代最鲜明的特征就是变化，大数据技术也在日新月异的变化之中，同时，Spark 自身和机器学习领域都在快速地进行迭代演进，让我们共同努力，一起进入这绚丽多彩的大数据时代！

最后，我们要感谢本书的作者 Alex Liu 先生，感谢他奉献出引领大数据时代发展潮流和新技术应用的重要作品。感谢机械工业出版社华章公司的编辑们，是她们的远见和鼓励使得本书能与读者很快见面。感谢家人的支持和理解。尽管我们努力准确、简洁地表达作者的思想，但仍难免有词不达意之处。译文中的错误和不当之处，敬请读者朋友不吝指正，请将相关意见发往 yanlongchuan@iie.ac.cn，我们将不胜感激。

闫龙川　高德荃　李君婷

2016 年 10 月

Preface 前 言

作为数据科学家和机器学习专业人员，我们的工作是建立模型进行欺诈检测、预测客户流失，或者在广泛的领域将数据转换为洞见。为此，我们有时需要处理大量的数据和复杂的计算。因此，我们一直对新的计算工具满怀期待，例如 Spark，我们花费了很多时间来学习新工具。有很多可用的资料来学习这些新的工具，但这些资料大多都由计算机科学家编写，更多的是从计算角度来描述。

作为 Spark 用户，数据科学家和机器学习专业人员更关心新的系统如何帮助我们建立准确度更高的预测模型，如何使数据处理和编程更加简单。这是本书的写作目的，也是由数据科学家来执笔本书的主要原因。

与此同时，数据科学家和机器学习专业人员已经开发了工作框架、处理过程，使用了一些较好的建模工具，例如 R 语言和 SPSS。我们了解到一些新的工具，例如 Spark 的 MLlib，可以用它们来取代一些旧的工具，但不能全部取代。因此，作为 Spark 的用户，将 Spark 与一些已有的工具共同使用对我们十分关键，这也成为本书主要的关注点之一，是本书不同于其他 Spark 书籍的一个关键因素。

整体而言，本书是一本由数据科学家写给数据科学家和机器学习专业人员的 Spark 参考书，目的是让我们更加容易地在 Spark 上使用机器学习。

主要内容

第 1 章，从机器学习的角度介绍 Apache Spark。我们将讨论 Spark DataFrame 和 R 语言、Spark pipeline、RM4E 数据科学框架，以及 Spark notebook 和模型的实现。

第2章，主要介绍使用 Apache Spark 上的工具进行机器学习数据准备，例如 Spark SQL。我们将讨论数据清洗、一致性匹配、数据合并以及特征开发。

第3章，通过实际例子清晰地解释 RM4E 机器学习框架和处理过程，同时展示使用 Spark 轻松获得整体商业视图的优势。

第4章，讨论如何通过机器学习简单快速地进行欺诈检测。同时，我们会一步一步地说明从大数据中获得欺诈洞见的过程。

第5章，介绍一个风险评估项目的机器学习方法和处理过程，在 DataScientist-Workbench 环境下，使用 Spark 上的 R notebook 实现它们。该章我们主要关注 notebook。

第6章，通过开发客户流失预测系统提高客户留存度，进一步说明我们在 Spark 上使用 MLlib 进行机器学习的详细步骤。

第7章，描述如何使用 Spark 上的 SPSS 开发推荐系统，用 Spark 处理大数据。

第8章，将应用范围拓展到教育机构，如大学和培训机构，这里我们给出机器学习提升教育分析的一个真实的例子，预测学生的流失。

第9章，以一个基于 Spark 的服务请求预测的实际例子，帮助读者更好地理解 Spark 在商业和公共服务领域服务城市的应用。

第10章，进一步拓展前面章节学习的内容，让读者将所学的动态机器学习和 Spark 上的海量电信数据结合起来。

第11章，通过 Spark 上的开放数据介绍动态机器学习，用户可以采取数据驱动的方法，并使用所有可用的技术来优化结果。该章是第9章和第10章的扩展，同时也是前面章节所有实际例子的一个良好回顾。

预备知识

在本书中，我们假设读者有一些 Scala 或 Python 的编程基础，有一些建模工具（例如 R 语言或 SPSS）的使用经验，并且了解一些机器学习和数据科学的基础知识。

读者对象

本书主要面向需要处理大数据的分析师、数据科学家、研究人员和机器学习专业人员，但不要求相关人员熟悉 Spark。

下载彩图

我们以 PDF 文件的形式提供本书中屏幕截图和图标的彩色图片。这些彩色图片会有助于你更好地理解输出的变化。可以在以下网址下载该文件：http://www.packtpub.com/sites/default/files/downloads/ApacheSparkMachineLearningBlueprints_ColorImages.pdf。

目　录 *Contents*

第 1 章　*Chapter 1*

Spark 机器学习简介

本章从机器学习和数据分析视角介绍 Apache Spark，并讨论 Spark 中的机器学习计算处理技术。本章首先概括介绍 Apache Spark，通过与 MapReduce 等计算平台进行比较，展示 Spark 在数据分析中的技术优势和特点。接着，讨论如下五个方面的内容：

- ❏ 机器学习算法与程序库
- ❏ Spark RDD 和 DataFrame
- ❏ 机器学习框架
- ❏ Spark pipeline 技术
- ❏ Spark notebook 技术

以上是数据科学家或机器学习专业人员必须掌握的五项最重要的技术内容，以便于充分运用 Spark 处理计算优势。同时，本章将涵盖以下六个主题：

- ❏ Spark 概述和技术优势
- ❏ 机器学习算法和 Spark 机器学习库
- ❏ Spark RDD 和 Dataframe
- ❏ 机器学习框架、RM4E 和 Spark 计算
- ❏ 机器学习工作流和 Spark pipeline 技术
- ❏ Spark notebook 技术简介

1.1 Spark 概述和技术优势

本节对 Apache Spark 计算平台作总体介绍，通过与 MapReduce 等计算平台对比，总结 Spark 计算的优势。然后，简要介绍 Spark 计算如何适用于现代机器学习和大数据分析。

通过本节学习，读者将对 Spark 计算有一个基本了解，同时掌握一些基于 Spark 计算开展机器学习的技术优点。

1.1.1 Spark 概述

Apache Spark 是面向大数据快速处理的计算框架，该框架包含一个分布式计算引擎和一个专门设计的编程模型。2009 年，Spark 起源于美国加州大学伯克利分校 AMPLab 实验室的一个研究项目，然后在 2010 年成为 Apache 软件基金完全开源项目。之后，Apache Spark 经历了指数级增长，目前 Spark 是大数据领域最活跃的开源项目。

Spark 计算利用了内存分布式计算方法，该方法使得 Spark 计算成为最快的计算方式之一，尤其是对于反复迭代计算。根据多次测试表明，它的运行速度比 Hadoop MapReduce 快 100 倍以上。

Apache Spark 是一个统一的平台，平台由 Spark 核心引擎和四个库组成：SparkSQL、Spark Streaming、MLib 和 GraphX。这四个库都有 Python、Java 和 Scala 的编程 API。

除了上面提到的四个内置库，Apache Spark 还有数十个由第三方提供的程序包，这些程序包可用于处理数据源、机器学习，以及其他任务。

Apache Spark 产品版本更新周期为 3 个月，Spark 1.6.0 版本更新于 2016 年 1 月 4 日。Apache Spark 1.3 版本包含有 DataFrames API 和 ML Pipelines API。自 Apache Spark 1.4 版本开始，程序已默认包含 R 界面（SparkR）。

读者可以通过链接 http://spark.apache.org/downloads.html 下载 Apache Spark。想要安装和运行 Apache Spark，可以到链接 http://spark.apache.org/docs/latest/ 下载最新说明文档。

1.1.2　Spark 优势

相对于 MapReduce 等其他大数据处理平台，Apache Spark 拥有诸多优势。其中，比较突出的两项优势是快速运行和快速写入能力。

Apache Spark 保留了诸如可扩展性和容错能力等一些 MapReduce 最重要的优势，并且利用新技术对其保留的优势进行了大幅提升。

与 MapReduce 相比，Apache Spark 的引擎可以为用户执行更为常见的**有向无环图**（DAG）。因此，使用 Apache Spark 来执行 MapReduce 风格的图计算，用户可以获得比在 Hadoop 平台上更好的批处理性能。

Apache Spark 拥有内存处理能力，并且使用了新的数据提取方法，即**弹性分布式数据集**（RDD），使得 Apache Spark 能够进行高度迭代计算和响应型编程，并且扩展了容错能力。

同时，Apache Spark 只需要几行简短的代码就可以使复杂的 pipeline 展现变得更为容易。最为人所熟知的是，它可以轻松创建算法，捕捉复杂甚至是混乱数据的真谛，并帮助用户得到实时处理结果。

Apache Spark 团队为 Spark 总结的功能包括：

❑ 机器学习中的迭代算法
❑ 交互式数据挖掘和数据处理
❑ 兼容 Hive 数据仓库并可提升百倍运行速度
❑ 流处理
❑ 传感器数据处理

对于在实际应用中需要处理上述问题的数据科学家，Apache Spark 在处理以下问题时可以轻而易举地显现出其优势：

❏ 并行计算

❏ 交互式分析

❏ 复杂计算

大部分用户对于 Apache Spark 在速度和性能上的优势都很满意，但是部分人也注意到 Apache Spark 产品仍在不断完善。

http://svds.com/user-cases-for-apache-spark/ 提供了一些展现 Spark 优势的实例。

1.2 在机器学习中应用 Spark 计算

基于 RDD 和内存处理的创新功能，Apache Spark 真正使得分布式计算对于数据科学家和机器学习专业人员来说简便易用。Apache Spark 团队表示：Apache Spark 基于 Mesos 集群管理器运行，使其可以与 Hadoop 以及其他应用共享资源。因此，Apache Spark 可以从任何 Hadoop 输入源（如 HDFS）中读取数据。

Apache Spark 计算模型非常适合机器学习中的分布式计算。特别是在快速交互式机器学习、并行计算和大型复杂模型情境下，Apache Spark 无疑可以发挥其卓越效能。

Spark 开发团队表示，Spark 的哲学是使数据科学家和机器学习专业人员的生活更加轻松和高效。因此，Apache Spark 拥有以下特点：

❏ 拥有详细说明文档，表达清晰的 API

❏ 强大的专业领域库

❏ 易于与存储系统集成

❑ 通过缓存来避免数据移动

根据 Databricks 联合创始人 Patrick Wendell 的介绍，Spark 特别适用于大规模数据处理。Apache Spark 支持敏捷数据科学进行快速迭代计算，并且 Spark 很容易与 IBM 和其他综合解决方案集成。

1.3　机器学习算法

本节将回顾机器学习所需的算法，介绍机器学习库，包括 Spark 的 MLlib 和 IBM 的 SystemML，然后讨论它们与 Spark 的集成。

阅读本节之后，读者将会熟悉包括 Spark MLlib 在内的各种机器学习库，知道如何利用它们进行机器学习。

为完成机器学习项目，数据科学家经常使用机器学习工具（如 R 语言或 MATLAB）上的一些成熟分类或回归算法开发和评估预测模型。要完成一个机器学习项目，除了数据集和计算平台，这些机器学习算法库也是十分必要的。

例如，R 语言提供了专业人员使用的各类算法，所以得到了广泛流行和深入使用。R 语言有 1000 多个程序包，数据科学家可能不需要全部的程序包，但需要几个关键的程序包：

❑ 数据加载：使用 RODBC 或 RMySQL
❑ 数据操作：使用 stringr 或 lubridate
❑ 数据可视化：使用 ggplot2 或 leaflet
❑ 数据建模：使用 Random Forest 或 survival
❑ 报告结果：使用 shiny 或 markdown

根据近期 ComputerWorld 的调查，下载最多的 R 语言程序包如下：

程序包名称	下载次数
Rcpp	162778
ggplot2	146008
plyr	123889

（续）

程序包名称	下载次数
stringr	120387
colorspace	118798
digest	113899
reshape2	109869
RColorBrewer	100623
scales	92448
manipulate	88664

 更多的信息，请访问：http://www.computerworld.com/article/2920117/business-intelligence/most-downloaded-r-packages-last-month.html。

1.4 MLlib

MLlib 是一个可扩展的 Spark 机器学习库，包括很多常用的机器学习算法。MLlib 内置的算法如下：

❑ 以向量和矩阵形式处理数据
❑ 基本的统计计算，例如：汇总统计和相关性、简单随机数生成、分层抽样、执行简单的假设检验
❑ 分类和回归建模
❑ 协同过滤
❑ 聚类
❑ 降维
❑ 特征提取与转换
❑ 频繁模式挖掘
❑ 开发优化
❑ PMML 模型导出

Spark MLlib 还处在活跃开发阶段，预计每次新版发布都会有新的算法加入其中。

MLlib 符合 Apache Spark 的计算哲学，简单易用，性能卓越。

MLlib 使用依赖于 netlib-java 和 jblas 的线性代数包 Breeze。netlib-java 和 jblas 依赖于本地 Fortran 程序。如果节点没有安装 gfortran 运行库，用户需要自行安装。要是没有自动检测到库，MLlib 会报链接错误。

 关于 MLib 用例和详细的使用信息，请访问：http://researcher.watson.ibm.com/researcher/files/us-ytian/systemML.pdf。

其他机器学习库

正如前面讨论的，MLlib 已经实现了常用的回归和分类算法。但这些基本的算法不足以支持复杂的机器学习。

如果我们等待 Spark 团队将所有需要的机器学习算法加入库中，则需要很长时间。正因为如此，很多第三方团队向 Spark 贡献了机器学习库。

IBM 已经向 Apache Spark 贡献了机器学习库 SystemML。

除了 MLlib 提供的功能外，SystemML 提供了更丰富的机器学习算法，如缺失数据填补、SVM、GLM、ARIMA、非线性优化、图建模及矩阵分解等算法。

SystemML 由 IBM Almaden 研究组开发，是一个分布式机器学习引擎，可以扩展到任意大的数据集，它的优势有：

❏ 整合了分散的机器学习环境
❏ 给出了 Spark 核心生态完整的 DML 集
❏ 允许数据科学家集中精力关注算法问题，而不是具体实现
❏ 提升了数据科学团队的时间价值
❏ 建立了一个事实上可重用的机器学习程序标准

SystemML 参考了 R 语言语法和语义，并提供通过其自己的语言编写新算法的能力。

Spark 通过 SparkR 与 R 语言进行了较好的集成，用户需要时可以使用 R 语言众多的机器学习算法。正如后面我们要讨论的，SparkR notebook 使得这些操作非常容易。

1.5 Spark RDD 和 DataFrame

本节关注数据以及 Spark 如何表示和组织数据。我们将介绍 Spark RDD 和 DataFrame 技术。

通过本节的学习，读者将掌握 Spark 的两个关键概念：RDD 和 DataFrame，并将它们应用于机器学习项目。

1.5.1 Spark RDD

Spark 主要以一种分布式项集合的形式进行数据抽象，称之为**弹性分布式数据集**（Resilient Distributed Dataset，RDD）。RDD 是 Spark 的关键创新，使其比其他框架计算更加快速和高效。

特别地，RDD 是不可改变的对象集合，分布在集群之中。它静态地定义对象类型，例如 RDD[T] 对象类型则是 T，主要有字符串 RDD、整数 RDD 和对象 RDD。

此外，RDD：

❏ 是基于用户划分的分布在集群上的对象集合
❏ 由并行转换器（如 map 和 filter）创建

也就是说，RDD 物理上分布在一个集群上，逻辑上作为一个实体进行操作。RDD 具有容错特性，可以自动进行失效重建。

新的 RDD 可以从 Hadoop 输入格式化（HDFS 文件）创建，或通过其他 RDD 进行转换得到。

创建 RDD，用户可以：

❏ 通过驱动程序将对象集合分散化（使用 Spark 上下文的并行化方法）
❏ 加载外部数据集
❏ 转换已有的 RDD

Spark 团队称上述两类 RDD 操作为：行动（action）和转换（transformation）。

行动返回结果，转换返回新 RDD 的指针。RDD 行动的例子有：collect、count 和 take。

转换是延迟评估的，RDD 转换的例子有：map、filter 和 join。

RDD 的行动和转换可以组合起来实现复杂的运算。

了解更多 RDD 的知识，可访问 https://www.cs.berkeley.edu/~matei/papers/ 2012/ nsdi_spark.pdf。

1.5.2　Spark DataFrame

DataFrame 是一个列数据组成的分布式数据集合，实际上，是按列的名字分组的分布式数据集合，也就是带有模式的 RDD。换句话说，Spark DataFrame 是 RDD 的扩展。

DataFrame 相当于每列具有名字命名，可以使用名字替代索引进行操作的 RDD。

Spark DataFrame 在概念上与 R 语言 DataFrame 等价，与关系数据库中的表类似，这项技术促进了机器学习社区快速接受 Spark。用户可以（使用 Spark DataFrame）直接操作列数据，而这是 RDD 所不具备的。具备了数据模式知识，用户可以利用自己熟悉的 SQL 数据操作技术来操作数据，可以从很多原始数据源创建 Spark DataFrame，例如结构化关系数据文件、Hive 表或已有的 RDD。

Spark 已经创建了特殊的 DataFrame API 和 Spark SQL 来处理 DataFrame。Spark DataFrame API 和 Spark SQL 都支持 Scala、Java、Python 和 R 语言。作为已有 RDD API 的扩展，DataFrame API 具有下列特性：

❑ 具备（从单个笔记本电脑几 KB 数据到大型集群 PB 级数据）可伸缩计算能力
❑ 支持各类数据格式和存储系统
❑ 通过 Spark SQL Catalyst 优化器提供最先进的优化和代码生成
❑ 通过 Spark 与所有大数据工具和框架无缝集成

Spark SQL 与 Spark DataFrame 良好集成，有利于用户简便地进行 ETL 数据抽取和操作任何数据子集。用户可以对它们进行转换，并提供给包括 R 语言用户在内的其他用户。Spark SQL 也可以与 HiveQL 一起使用，它的处理速度非常快。相对于使用 Hadoop 和直接使用 RDD，使用 Spark SQL 可以大幅减少代码数量。

更多信息，请访问：http://spark.apache.org/docs/latest/sql-programming-guide. html。

1.5.3　R 语言 DataFrame API

DataFrame 是机器学习编程的一个关键元素。Spark 提供 R 语言、Java 和 Python 的 DataFrame API，以便用户在他们熟悉的环境和语言中操作 Spark DataFrame。本节将简要介绍一下 Spark DataFrame 的操作，并提供一些简单的 R 语言例子，供读者实践。

在 Spark 环境中，所有相关功能的使用入口都是 Spark 的 SQLContext 类，或它的派生类。创建一个基本的 SQLContext 类，所有用户需要执行下面的 SparkContext 命令：

```
sqlContext <- sparkRSQL.init(sc)
```

创建一个 Spark DataFrame，用户可以执行如下命令：

```
sqlContext <- SQLContext(sc)
df <- jsonFile(sqlContext, "examples/src/main/resources/people.json")
# Displays the content of the DataFrame to stdout
showDF(df)
```

下面给出一些 Spark DataFrame 操作的例子：

```
sqlContext <- sparkRSQL.init(sc)
# Create the DataFrame
df <- jsonFile(sqlContext, "examples/src/main/resources/people.json")
# Show the content of the DataFrame
showDF(df)
## age  name
## null Michael
## 30   Andy
## 19   Justin

# Print the schema in a tree format
```

```
printSchema(df)
## root
## |-- age: long (nullable = true)
## |-- name: string (nullable = true)

# Select only the "name" column
showDF(select(df, "name"))
## name
## Michael
## Andy
## Justin

# Select everybody, but increment the age by 1
showDF(select(df, df$name, df$age + 1))
## name     (age + 1)
## Michael null
## Andy     31
## Justin   20

# Select people older than 21
showDF(where(df, df$age > 21))
## age name
## 30  Andy

# Count people by age
showDF(count(groupBy(df, "age")))
## age   count
## null 1
## 19    1
## 30    1
```

更多信息，请访问：http://spark.apache.org/docs/latest/sql-programming-guide. html#creating-dataframes。

1.5.4　机器学习框架、RM4E 和 Spark 计算

本节，我们以 RM4E 作为例子讨论机器学习的框架，以及其与 Spark 计算的关系。

学习完本节之后，读者将掌握机器学习的概念和一些例子，并能够将它们与 Spark

计算相结合来规划和实现机器学习项目。

1.5.5 机器学习框架

正如前几节所讨论的，Spark 计算与 Hadoop 的 MapReduce 非常不同，Spark 计算速度更快，使用更加容易。在机器学习中采用 Spark 计算有很多的优势。

然而，对于机器学习专业人员来讲，只有具有良好的机器学习框架才能实现所有的优势。这里，机器学习框架意味着一个能够整合包括机器学习算法在内的所有机器学习元素的系统或方法，使用户最有效地使用它们。具体来讲，这包括数据表示与处理的方法、表示和建立预测模型的方法、评价和使用建模结果的方法。从这方面来看，在数据源的处理、数据预处理的执行、算法的实现，以及复杂计算支持方面的不同，使得机器学习框架与众不同。

目前有多种机器学习框架，正如有多种不同的计算平台支持这些框架。在所有可用的机器学习框架中，着重于迭代计算和交互处理的框架被公认为是最好的，因为这些特性可以促进复杂预测模型估计和研究人员与数据间的良好交互。当下，优秀的机器学习框架仍然需要包含大数据功能、大量快速处理能力，以及容错能力。优秀的框架通常包括大量的机器学习算法和可用的统计检验。

正如前几节提到的，由于采用了内存数据处理技术，Apache Spark 拥有卓越的交互计算性能和较高的性价比。它可以兼容 Hadoop 的数据源和文件格式，由于拥有友好的 API，它提供多种语言版本，另外它还具有更快速的学习曲线。Apache Spark 还包含图像处理和机器学习能力。基于以上原因，以 Apache Spark 为基础的机器学习框架在机器学习从业者中很受欢迎。

尽管如此，Hadoop MapReduce 是一个更加成熟的平台，它就是为解决批处理问题应运而生。相较于 Spark，它对于处理一些无法放入内存或者由于有经验的研究人员追求更好的可用性的这类大数据来说更加高效。此外，由于具有更多的支持项目、工具和云服务，Hadoop MapReduce 目前拥有更加庞大的生态系统。

即使目前看来 Spark 像是更大的赢家，但是机器学习从业者也很可能不只使用 Spark 平台，他们仍会使用 HDFS 存储数据，也可能会使用 HBase、Hive、Pig、Impala，或者其他 Hadoop 工具。很多情况下，这意味着机器学习从业者为了处理全部的大数据程序包，仍需要运行 Hadoop 和 MapReduce。

1.5.6　RM4E

在前几节，我们大致讨论了机器学习框架。具体来说，一个机器学习框架包括如何处理数据，分析方法，分析计算，结果评估和结果利用，RM4E 可以很好地代表满足上述需求的框架。RM4E（Research Methods Four Elements）是总结机器学习组件和过程的一个很好的框架。RM4E 包括：

- ❏ **方程**：方程用来表示我们研究的模型。
- ❏ **估计**：估计将方程（模型）和研究用数据联系起来。
- ❏ **评估**：评估用来衡量模型是否适合数据。
- ❏ **解释**：解释是将方程（模型）和我们的研究目标联系起来。我们如何解释研究结果通常依赖于研究目的和研究主体。

RM4E 是区别一个机器学习方法的四个关键方面。在任意给定时刻，RM4E 足以代表机器学习状态。此外，使用 RM4E 可以简便、充分地表示机器学习的工作流。

关联我们目前讨论的内容，方程类似于机器学习库，估计代表计算完成的方式，评估是评价一个机器学习是不是更好，至于迭代计算，是我们应该考虑继续还是停止。解释也是机器学习的关键部分，因为我们的目标是将数据转换为可使用的有见地的结果。

基于以上讨论，好的机器学习框架需要处理大规模数据提取和数据预处理，还需要处理快速计算、大规模和高速的交互式评估，以及简单易懂的结果解释和部署。

1.5.7　Spark 计算框架

在本章前几节，我们讨论了 Spark 计算如何支持迭代机器学习计算。回顾机器学习框架，以及 Spark 计算如何与机器学习框架相关联之后，我们已经准备好去了解更多选择 Spark 计算用于机器学习的原因。

Spark 是为服务机器学习和数据科学而开发的，能够使得大规模的机器学习和机器学习部署更加容易。如前所述，Spark 在 RDD 上的核心创新使其具有快速方便的计算能力和良好的容错能力。

Spark 是通用计算平台，其程序包括两个部分：驱动程序和工作程序。

为了编程，开发者需要编写一个执行应用高级控制流程，以及并行启动各种操作的驱动程序。所有开发的工作程序将在集群节点或在本地线程上运行，RDD 操作会贯穿所有的工作程序。

正如前面提到的，Spark 提供了并行编程的两个主要抽象概念：弹性分布式数据集以及对这些数据集的并行运算（通过将一个函数应用在数据集上来调用）。

此外，Spark 支持两种类型的共享变量：

❑ **广播变量**：如果有大量的只读数据段（例如，查找表）被用在多个并行操作中，最好是一次性将其分配给工作程序，而不是用每个闭包来打包。

❑ **累加器**：这些变量工作程序只能添加到关联操作中，并且只能由驱动程序读出。它们可以在 MapReduce 中用来实现计数器，并且可以为并行求和提供一个更为必要的语法。可以为具有附加操作和零值的任何类型定义累加器。由于它们的语义只能添加，它们很容易具备容错能力。

总而言之，Apache Spark 计算框架能够支持各种需要快速并行处理，并带有容错机制的机器学习框架。

更多内容请见如下网址：http://people.csail.mit.edu/matei/papers/2010/hotclo-ud_spark.pdf。

1.6　机器学习工作流和 Spark pipeline

在本节中，我们介绍机器学习工作流和 Spark pipeline，然后讨论 Spark pipeline 作为机器学习计算工作流的优秀工具是如何发挥作用的。

学习完本节，读者将掌握这两个重要概念，并且为编程和实现机器学习工作流的

Spark pipeline 做好准备。

机器学习的工作流步骤

几乎所有的机器学习项目均涉及数据清洗、特征挖掘、模型估计、模型评估，然后是结果解释，这些都可以组织为循序渐进的工作流。这些工作流有时称为分析过程。

有些人甚至定义机器学习是将数据转化为可执行的洞察结果的工作流，有些人会在工作流中增加对业务的理解或问题的定义，以作为他们工作的出发点。

在数据挖掘领域，**跨行业数据挖掘标准过程**（CRISP-DM）是一个被广泛接受和采用的标准流程。许多标准机器学习的工作流都只是 CRISP-DM 工作流某种形式上的变型。

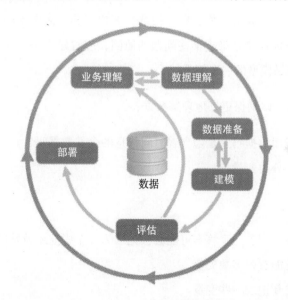

正如上图所示，任何标准 CRISP-DM 的工作流都需要以下所有的 6 个步骤：

1. 业务理解
2. 数据理解
3. 数据准备
4. 建模
5. 评估
6. 部署

一些人可能会在其中补充分析方法选择和结果解释，以使其更加完整。对于复杂的机器学习项目，会有一些分支和反馈回路，使工作流程变得非常复杂。

换句话说，有一些机器学习的项目，在我们完成模型评估之后，可能会回到建模甚至是数据准备的步骤。在数据准备步骤之后，我们可以将其分为两种以上的建模类型分支。

1.7　机器学习工作流示例

为了进一步了解学习机器学习的工作流，在这里让我们学习一些例子。

本书后续章节会研究风险建模、欺诈检测、客户视图、流失预测和产品推荐。对于诸如此类的项目，目标往往是确定某些问题的原因，或者建立一个因果模型。下面是使用工作流建立一个因果模型的一个例子。

1. 检查数据结构，以确保更好地理解数据：

- 数据是横截面数据吗？是隐含着时间信息的合并数据吗？
- 是否使用了分类变量？

2. 检查缺失值：

- 不知道或者忘记了一个答案可能会被记录为一个中立或特殊的类别
- 一些变量可能有很多缺失值
- 根据需要重新记录一些变量

3. 进行一些描述性研究，开始讲故事：

- 使用比较方法和交叉列表
- 检查一些关键变量的变异性（标准差和方差）

4. ind 变量（外生变量）的选择组：

- 作为问题原因的候选

5. 基本描述性统计：

- 所有变量的均值、标准差和频率

6. 测量工作：

- 研究一些测量值的规模（efa 探索性因子分析在这里可能是有用的）
- 形成测量模型

7. 本地模型：

- 从全局中找出部分以探索其中关系
- 使用交叉列表
- 图表展示
- 使用逻辑回归
- 使用线性回归

8. 开展一些偏相关分析，以帮助模型设定。

9. 使用（8）的结果，提出结构方程模型：

- 确定主结构和次结构
- 将测量和结构模型进行关联

10. 初次拟合：

- 运用 SPSS 为 lisrel 或 Mplus 创建数据集
- 使用 lisrel 或 Mplus 编程

11. 模型修正：

- 使用 SEM 结果（主要模型拟合指数）来指导
- 再次分析偏相关性

12. 诊断：

- 分布

- 残差
- 曲线

13. 到这里我们应该可以开展最终模型估计了：

- 如果不能，请重复步骤 13 和 14

14. 模型解释（识别和量化因果效应）

可参考 Spark Pipelines：http://www.researchmethods.org/step-by-step1.pdf。

Apache Spark 团队认识到了机器学习工作流的重要性，因此，他们开发了 Spark pipeline 来高效处理工作流问题。

Spark 机器学习代表一个可以作为 pipeline 的机器学习工作流，它由一系列以特定顺序运行的 PipelineStages 组成。

PipelineStages 包括：Spark 转换、Spark 估计和 Spark 评估。

机器学习的工作流可以是非常复杂的，因此创建和调整它们非常耗时。研发 Spark 机器学习 Pipeline，使得机器学习工作流的构造和调整更为容易，尤其可以表示以下主要阶段：

1. 数据加载
2. 特征提取
3. 模型估计
4. 模型评价
5. 模型解释

对于以上任务，可以使用 Spark 转换器进行特征提取。Spark 估计器用来训练和估计模型，Spark 评估器用来评价模型。

从技术上看，Spark 中的 pipeline 作为一系列处理过程的有序组合，每个过程可以是转换，或者是估计，或者是评估。这些过程按照顺序执行，输入的数据集遵循各过程顺序进行修改。在转换过程中，调用 transform() 方法进行数据集处理。在估计过程中，调用 fit() 方法生成一个转换器（转换器将成为 pipeline Model 或拟合 pipeline 的一部分），并且在数据集上调用转换器的 transform() 方法。

上面给出的技术说明都是针对线性 pipeline 模型。一旦数据流图形成**有向无环图**（Directed Acyclic Graph，DAG），Spark 也可能生产非线性 pipeline 模型。

 更多关于 Spark pipeline 的信息，请访问如下链接：http://spark.apache.org/docs/latest/ml-guide.html#pipeline。

1.8　Spark notebook 简介

在本节中，我们首先讨论有关面向机器学习的 notebook 方法。然后，我们介绍 R Markdown，以其作为一个成熟的 notebook 案例，最后介绍 Spark 中的 R notebook。

学习完本节，读者将掌握 notebook 相关的方法和概念，并为将其用于管理和开发机器学习项目做好准备。

1.8.1　面向机器学习的 notebook 方法

notebook 已经成为众人青睐的机器学习工具，因为该工具既能动态驱动，还具备可重复生成的特点。

大部分 notebook 接口由一系列代码块（称为单元）构成。其开发过程是一个探索的过程，开发者借此可以在一个单元中开发和运行代码，然后基于上一个单元的结果继续编写下一单元代码。特别是机器学习从业者分析大型数据集时，这种交互式方法利于从业者迅速发现数据模式或提出数据洞见。因此，notebook 型的开发过程提供了探索式和交互式途径来编写代码，并可立即检查结果。

notebook 允许用户在同一文件中无缝地融合代码、输出和注释，这便于机器学习从业者在后一阶段复用他们的工作。

采用 notebook 方法确保了可复用性，分析与计算、展现的一致性，从而结束了研究管理的复制和粘贴方式。

具体而言，运用 notebook，用户可以实现：

- ❏ 迭代分析
- ❏ 透明报告
- ❏ 无缝协作
- ❏ 清晰计算
- ❏ 涵盖结果等的评估推理
- ❏ 以统一方式，notebook 方法也为机器学习实践集成提供了许多分析工具

关于使用重现方法的更多信息，请访问：http://chance.amstat.org/2014/09/reproducible-paradigm/（R Markdown）。

R Markdown 是一款非常流行的工具，可以帮助数据科学家和机器学习从业者生成动态报告，也能帮助他们重复使用分析流程。R Markdown 是一种先进的 notebook 工具。

参照 RStudio 的说明：

"R Markdown 是一种标签格式，允许方便地制作来源于 R 语言中可复写的 web 报表。通过把 Markdown 核心语法（一种易于编写网页内容的纯文本格式）与嵌入运行的 R 代码块连接，输出结果将包含在最终文件中。"

这样，我们可以使用 R 语言和 Markdown 程序包加上其他一些第三方相关的程序包，比如 knitr，编写可复用的分析报告。然而，如果整合使用 RStudio 和 Markdown 包，将使数据科学家的工作变得更简便。

对 R 语言用户来说，使用 Markdown 非常容易。下面我们通过一个例子，说明如何使用三个简单的步骤创建一个报告。

第 1 步：做好软件准备

1. 下载 RStudio 软件，网址：http://rstudio.org/。

2. 设置 RStudio 选项：在菜单 "Tools > Options" 下，单击 "Sweave"，选择 "Knitr at Weave Rnw files using Knitr"。

第 2 步：安装 Knitr 包

1. 在 RStudio 中安装包，你可以选择菜单 "Tools >Install Packages"，然后可选择一个 CRAN 镜像站点和包进行安装。安装包的另一种方法是使用函数 install.packages（）。

2. 为安装源自 Carnegi Mellon Statlib CRAN 镜像站点下的 knitr 包，我们可以使用函数命令：install.packages（"knitr", repos = "http://lib.stat.cmu.edu/R/CRAN/"）。

第 3 步：创建一个简单的报告

1. 单击菜单 "File >New >R Markdown"，创建一个空白 R Markdown 文件。接下来将打开一个新建的 .Rmd 文件。

2. 当你创建了空白文件，会看到一个已经写好的模块。

一个简单的方法是用你自己的信息替换相应的部分内容。

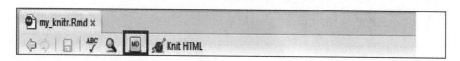

3. 输入所有信息后，单击 "Knit HTML"。

4. 现在你会看到已经生成一个 .html 文件。

1.8.2　Spark notebook

目前，有一些与 Apache Spark 计算兼容的 notebook。其中，由 Spark 原创团队开发的 Databricks 是最好的。Databricks notebook 与 R Markdown 类似，但 Databricks notebook 实现了与 Apache Spark 无缝集成。

除了 SQL、Python 和 Scala，现在 Databricks notebook 也可用于 R 语言，并且 Spark 1.4 默认包含了 SparkR 包。也就是说，从现在开始，数据科学家和机器学习从业者在 R 语言环境中通过在 Spark 之上编写和运行 R notebook，就可毫不费力地从 Apache Spark

强大的能力中获益。

除了 SparkR，通过运用 install.packages（），能够十分方便地在 Databricks 的 R notebook 中安装 R 程序包。因此，数据科学家和机器学习从业者运用 Databricks R notebook，即可获得 Spark 上 R Markdown 的技术功效。数据科学家和机器学习从业者可以（使用 SparkR）访问和操作分布式存储（如亚马逊 S3）或数据仓库（如 Hive）上的大数据集（例如 TB 级的数据）。甚至，他们可以收集 SparkR DataFrame 的数据到本地的数据框中。

可视化是机器学习项目的重要组成部分。在 R notebook 中，数据科学家和机器学习从业者可以使用任何 R 语言的可视化库，包括 R 基本绘图函数，ggplot 或者 Lattice。如同 R Markdown，绘图在 R notebook 中内联显示。用户可以对 R DataFrame 或 SparkR DataFrame 应用 Databricks 的内置函数 display（）。其结果在 notebook 显示为一个表，随后点击就可绘图。类似于其他（如 Python notebook）的 Databricks notebook，数据科学家还可以在 R notebook 里使用 displayHTML() 函数，生成任意基于 HTML 和 Javascript 的可视化。

Databricks 端到端的解决方案也使建立从采集到生产的机器学习 pipeline 模型更加简便，应用于 R notebook 时，数据科学家可在 Spark 集群上安排 R notebook 作业的运行。包括可视化在内的每个运行作业的结果，可立即被浏览，这样使得工作到生产力的转化效率更加简洁快速。

综上所述，Databricks R notebook 运用简约的 Spark 集群管理、丰富的一键可视化和生产作业的即时部署，让 R 语言用户充分利用了 Spark 的强大功能。Databricks R notebook 提供了一个 30 天的免费试用。

 请访问：https://databricks.com/blog/2015/07/13/introducing-r-notebooks-in-databricks.html。

1.9 小结

本章介绍了 Apache Spark 所有的基础知识，这也是所有想把 Apache Spark 应用于机器学习实际项目的从业者必须理解掌握的。我们重点探讨了 Apache Spark 计算，并涉及一些最重要的机器学习组件，以便把 Apache Spark 和机器学习关联起来，让开展机器学习项目的读者做好充分准备。

第一，我们作了 Spark 总体概述，还讨论了 Spark 优点以及面向机器学习的 Spark 计算模型。

第二，我们回顾了机器学习算法，Spark 的 MLlib 库和其他机器学习库。

第三，讨论了 Spark RDD 的核心创新和 DataFrame，以及用于 R 语言的 Spark DataFrame API。

第四，我们回顾了一些机器学习框架，通过案例具体讨论了机器学习的 RM4E 框架，进一步讨论了 Spark 机器学习计算框架。

第五，我们讨论了机器学习的工作流，并举例说明，然后介绍了 Spark pipeline 模型及其 API。

最后，我们研究了用于机器学习的 notebook 方法，回顾了 R 语言 notebook Markdown 标签格式，然后讨论了 Databricks 提供的 Spark notebook，通过应用 Spark notebook，我们可以便捷地为机器学习实践融合上述所有的 Spark 元素。

结合上述讨论的 Spark 基础知识，读者可以着手准备使用 Apache Spark 开展机器学习项目。为此，我们将在下一章讲述 Spark 数据准备工作，然后在第 3 章讨论第一个实际生活中的机器学习项目。

Chapter 2 第 2 章

Spark 机器学习的数据准备

机器学习从业者和数据科学家时常耗费 70% 或 80% 的时间为机器学习项目准备数据。数据准备可能是很艰辛的工作，但是它影响到接下来的各方面工作，因此是非常必要和极其重要的。所以，在本章中，我们将讨论机器学习中所有必要的数据准备方面的内容，通常包括数据获取、数据清洗、数据集连接，再到特征开发，从而让我们为基于Spark 平台构建机器学习模型准备好数据集。具体而言，我们将讨论前面提到的以下 6 个数据准备任务，然后在针对复用性和自动化的讨论中结束本章：

❑ 访问和加载数据集
- 开放可用的机器学习数据集
- 将数据集加载到 Spark
- 使用 Spark 进行数据探索和可视化

❑ 数据清洗
- 处理数据缺失与不完整
- 基于 Spark 的数据清洗
- 数据清洗变得容易

❑ 一致性匹配
- 处理一致性问题

- 基于 Spark 的数据匹配
- 获得更好的数据匹配效果

❏ 数据重组
- 数据重组任务
- 基于 Spark 的数据重组
- 数据重组变得容易

❏ 数据连接
- Spark SQL 数据集连接
- 使用 Spark SQL 进行数据连接
- 数据连接变得容易

❏ 特征提取
- 特征提取的挑战
- 基于 Spark 的特征提取
- 特征提取变得容易

❏ 复用性和自动化
- 数据集预处理工作流
- Spark pipelines 预处理
- 数据集预处理自动化

2.1　访问和加载数据集

在本节，我们将回顾一些公开可用的数据集，并且讨论加载这些数据集到 Spark 的方法。然后，我们将回顾九种 Spark 上探索和可视化数据集的方法。

学习完本节，我们能够获取一些可用的数据集，把它们加载到 Spark，然后开始对数据进行探索和可视化。

2.1.1　访问公开可用的数据集

就像程序开源运动使软件免费一样，也有非常活跃的数据开放运动，使得每一个研究者和分析师都可以自由获取这些数据。在全世界范围内，大多数国家政府收集的数据集是向公众开放的。例如 http://www.data.gov/，这个网站有超过 14 万的数据集可供免费使用，包括农业、金融和教育等领域。

除了来自各政府机构的开放数据，许多研究机构也收集了很多非常有用的数据集，并且可被公众所用。这本书中我们将使用的有如下几个数据集：

❏ 印第安纳大学提供一个非常丰富的数据集，包括 535 亿个 HTTP 地址。想获取这些数据，请访问：http://cnets.indiana.edu/groups/nan/webtraffic/click-dataset/。

❏ 广为人知的加州大学欧文分校机器学习库提供超过 300 个数据集可供探索。想获取他们的数据集，请访问：https://archive.ics.uci.edu/ml/datasets.html。

❏ 匹兹堡大学的 Tycho® 项目提供了自 1888 年以来美国境内所有须向卫生署报告的疾病报告，这些报告以周为单位。想获取他们的数据集，请访问：http://www.tycho.pitt.edu/。

❏ ICPSR 拥有许多体量并不是很大，但是质量非常好，并且可用于研究的数据集。想获取他们的数据集，请访问：http://www.icpsr.umich.edu/index.html。

❏ 另外一个众所周知的数据集是 1987 年～ 2008 年的航线性能数据，它的体量巨大，拥有 1.2 亿条记录，已经被用在许多研究和少量比赛中。想获取这些的数据集，请访问：http://statcomputing.org/dataexpo/2009/the-data.html。

2.1.2　加载数据集到 Spark

有许多方法可以将数据集加载到 Spark 平台，或者直接连接数据源到 Spark 平台。由于 Apache Spark 每三周更新一次，其功能在不断提升，更新、更方便的加载数据方法，以及展现数据的方法有望能够及时提供给用户。

举例来说，在 Spark 1.3 版本以前，JdbcRDD 是连接关系型数据源和传输数据元素到 RDD 的最受欢迎的方式。但是，从 Spark 1.4 版本开始，它通过一个内置的数据源 API 连接到任意一个使用 Dataframe 的 JDBC 数据源。

加载数据并不是一个简单的任务，因为它通常涉及转换或解析原始数据，以及处理数据格式转换。Spark 数据源 API 允许用户使用基于 DataSource API 的库来读取和写入来自不同系统的不同格式的 DataFrame。同时，由于使用了 Spark SQL 查询优化器技术，Spark 数据源 API 的数据存取功能十分高效。

想要加载 DataFrame 的数据集，最好使用 sqlContext.load。为此，我们需要说明以下内容：

❑ **数据源名称**：这是我们加载的数据源。

❑ **选项**：对于特定的数据源有一些参数，例如，数据路径。

举例来说，我们可以使用下面的代码：

```
df1 = sqlContext.read  \
    . format("json")  \  data format is json
    . option("samplingRatio", "0.01") \ set sampling ratio as 1%
    . load("/home/alex/data1,json")  \ specify data name and
location
```

要导出数据集，用户可以使用 dataframe.save 或 df.write 来保存处理过的 DataFrame 到一个数据源。具体说明如下：

❑ **数据源名称**：这是我们要保存的数据源。

❑ **保存模式**：这是当数据已经存在时，我们应该做的。

❑ **选项**：对于特定的数据源有一些参数，例如，数据路径。

creatExternalTable 和 SaveAsTable 命令也是非常有用的。

> 有关使用 Spark DataSource API 的更多信息，请访问：https://databricks.com/ blog/2015/01/09/spark-sql-data-sources-api-unified-data-access-for-the-spark- platform.html。

2.1.3　数据集探索和可视化

在 Apache Spark 中，有很多方法来进行一些数据集的初步探索和可视化，这些数据集可以使用不同的工具加载。用户可以直接通过 Spark Shell 使用 Scala 语言或 Python 语言。或者，用户可以使用 notebook 方法，就是在 Spark 环境中使用 R 语言或 Python 语言的 notebook，类似 DataBricks Workspace。另一种方法是使用 Spark 的 MLlib。

或者，用户可以直接使用 Spark SQL 及其相关库，如广受欢迎的 Panda 库，进行一些简单的数据探索。

如果数据集已经转化成 Spark DataFrame，用户可以使用 df.describe().show() 获取一些简单的含样本总体特征的统计数据，例如所有列（变量）的均值、标准差、最小值和最大值。

如果 DataFrame 有很多列，用户应当使用 df.describe(column1, column2, …).show() 语句来指定列，以便于仅获取他们感兴趣的列的描述性统计数据。你也可以只使用这个命令选择你需要的统计数据：

```
df.select([mean('column1'),min('column1'),max('column1')]).show()
```

除此之外，一些经常使用的协方差、相关运算、交叉列表命令如下：

```
df.stat.cov('column1', 'column2')
df.stat.corr('column1', 'column2')
df.stat.crosstab("column1", "column2").show()
```

如果使用 DataBricks workspace，用户可以创建 R notebook，那么他们将回到熟悉的 R 语言环境中，并且可以访问所有的 R 语言程序包，他们可以使用 notebook 方法进行数据集的交互探索和可视化研究。看一看下面的例子：

```
> summary(x1)
   Min. 1st Qu.  Median    Mean 3rd Qu.    Max.
  0.000   0.600   2.000   2.667   4.000   8.000
> plot(x1)
```

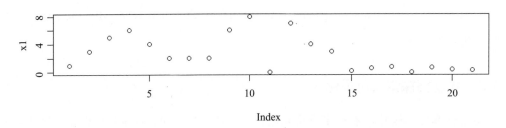

从现在开始，我们将会大量地使用 DataBricks Workspace，建议用户在 https:// accounts.cloud.databricks.com/registration.html#signup 注册一个试用账号。在网站主菜单栏的左上角设置一些群集，具体如下：

然后，用户可以到相同的主菜单中，单击"Workspace"右侧的向下箭头并导航到"Create | New Notebook"，创建一个 notebook，如下图所示：

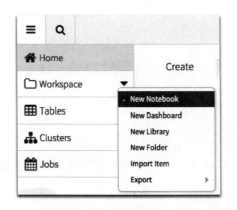

当出现 Create Notebook 对话框时，需要执行以下操作：

❏ 为你的 notebook 输入一个唯一的名字。

❏ 对于语言，单击下拉菜单，选择 R 语言。

❏ 对于集群，单击下拉菜单并选择你之前创建的集群。

2.2　数据清洗

在本节中，我们将回顾一些 Spark 平台上的数据清洗方法，重点关注数据不完备性。然后，我们将讨论一些 Spark 数据清洗方面的特殊特征，以及一些基于 Spark 平台更加容易的数据清洗解决方案。

学习完本节，我们将能够完成数据清洗，并为机器学习准备好数据集。

2.2.1 处理数据不完备性

对于机器学习，数据越多越好。然而，通常数据越多，"脏数据"也会越多——这意味着会有更多的数据清洗工作。

数据质量控制可能会有许多问题需要处理，有些问题可能很简单，如数据输入错误或者数据复制。原则上，解决他们的方法是类似的——例如，利用数据逻辑来实现探索和获取项目的本质知识，利用分析逻辑来纠正他们。为此，在本节中，我们将重点关注缺失值处理，以便说明在这个主题上 Spark 的使用方法。数据清洗涵盖了数据的准确性、完整性、独特性、时效性和一致性。

虽然听起来可能很简单，但是处理缺失值和不完备性并不是一件容易的事情。它涉及许多问题，往往需要以下步骤：

1. 计算数据缺失百分比。

这取决于研究项目，有些项目中的比例如果低于 5% 或 10%，我们可能不需要在数据缺失问题上花费时间。

2. 学习数据缺失的模式。

数据缺失有两种模式：完全随机或不随机。如果数据缺失是完全随机的，我们可以忽略这个问题。

3. 确定解决数据缺失模式的方法。

处理数据缺失有几种常用的方法。均值填充，缺失数据删除，数据替换是最为主要的方法。

4. 为数据缺失模式执行数据填补。

为了处理数据缺失和不完整性，数据科学家和机器学习从业者通常会利用他们熟悉的 SQL 工具或 R 语言编程。幸运的是，在 Spark 环境中，有 Spark SQL 和 R notebook 可以让用户继续使用他们熟悉的方法，为此，我们将在下面两节中进行详细阐述。

数据清洗也包含其他的问题，诸如处理数据输入错误和异常值。

2.2.2　在 Spark 中进行数据清洗

在上一节中，我们讨论了处理数据不完备性。

安装 Spark 后，我们可以很容易地在 DataBricks Workspace 中使用 Spark SQL 和 R notebook 处理上一节中所描述的数据清洗工作。

特别需要指出的是，sqlContext 中的 sql 函数使得应用程序能够完成 SQL 查询编程，并返回一个 DataFrame 类型的结果。

例如，借助 R notebook，我们可以用下面的语句来执行 SQL 命令，并把结果放到一个 data.frame：

```
sqlContext <- sparkRSQL.init(sc)
df <- sql(sqlContext, "SELECT * FROM table")
```

数据清洗是一个非常繁琐和耗时的工作，在本节，我们想请你关注 SampleClean，对于机器学习从业者，它可以使数据清洗更为简单，特别是分布式数据清洗。

SampleClean 是建立在 AMPLab 伯克利数据分析栈（BDAS）上的一个可扩展的数据清洗库。该库使用 Apache Spark SQL 1.2.0 及以上版本和 Apache Hive 来支持分布式数据清洗操作和相关的脏数据查询处理。SampleClean 可以执行一组可互换和可组合的、物理和逻辑的数据清洗操作，这使得我们可以快速地构建和调整数据清洗 pipelines。

我们先在 Spark 和 SampleClean 中输入以下命令开启工作：

```
import org.apache.spark.SparkContext
import org.apache.spark.SparkContext._
import org.apache.spark.SparkConf
import sampleclean.api.SampleCleanContext
```

使用 SampleClean，我们需要创建一个名为 SampleCleanContext 的对象，然后使用该上下文来管理工作会话中所有的信息，并提供 API 基元与数据进行交互。SampleCleanContext 由 SparkContext 对象构造而成，具体如下：

```
new SampleCleanContext(sparkContext)
```

2.2.3 更简便的数据清洗

使用 SampleClean 和 Spark，我们可以把数据清洗工作变得容易，可以编写更少的代码，并利用更少的数据。

总体而言，SampleClean 采用了一个很好的策略。它采用异步方式以规避延迟，并使用采样来规避数据体量巨大的问题。此外，SampleClean 在一个系统中结合了所有三个方面因素（算法、机器和人），因此变得更加高效。

> 更多使用 SampleClean 的信息，请访问：http://sampleclean.org/guide/ 和 http://sampleclean.org/release.html。

为了更好地说明，让我们假设一个有四个数据表的机器学习项目：

- `Users(userId INT, name String, email STRING, age INT, latitude: DOUBLE, longitude: DOUBLE, subscribed: BOOLEAN)`
- `Events(userId INT, action INT, Default)`
- `WebLog(userId, webAction)`
- `Demographic(memberId, age, edu, income)`

要清洗这个数据集，我们需要：

❏ 无论是使用 SQL 还是 R 语言命令，都要计算每个变量有多少个缺失值。
❏ 如果我们选择的策略是均值填充，那么用平均值填补缺失值。

尽管上述工作很容易实现，但是在数据体量巨大的情况下，这样做有可能非常耗时。因此，为了提高效率，我们可能需要将数据分割成许多子集，同时并行完成前面的步骤，Spark 是完成此项工作的最佳计算平台。

在 Databricks R notebook 环境中，我们可以先用 R 语言命令 sum(is.na(x)) 创建 notebook 来计算数据缺失的情况。

为了用平均值替代缺失值，我们可以使用下面的代码：

```
for(i in 1:ncol(data)){
  data[is.na(data[,i]), i] <- mean(data[,i], na.rm = TRUE)
}
```

在 Spark 中，我们可以轻松地对所有的数据集群使用 R notebook。

2.3　一致性匹配

本节，我们将讨论一个重要的数据准备主题，就是一致性匹配和相关解决方案。我们将讨论几个使用 Spark 解决一致性问题的特征和使用 Spark 的数据匹配解决方案。

阅读本节以后，读者可以使用 Spark 解决一些常见的数据一致性问题。

2.3.1　一致性问题

我们经常需要在数据准备过程中处理一些属于同一个人或单元的数据元素，但这些元素并不相似。例如，我们有一些 Larry Z. 的购物数据和 L. Zhang 的网页活动数据。Larry Z. 和 L. Zhang 是否是同一个人？数据中是否有很多一致性的变化。

由于实体变异的类型非常普遍，可能引起的原因有：重复、错误、名字变化和有意的别名等，使得对象匹配成为机器学习数据准备中的一个巨大挑战。有时，完成匹配或寻找关联都非常困难，而且这些工作非常耗时。然而，任何种类的错误匹配将产生许多错误，数据的不匹配也会产生偏见，因此数据匹配工作也是非常必要和极为重要。与此同时，正确的匹配也会在分组检测方面有附加的价值，例如恐怖组织、贩毒集团检测。

目前，已经开发了一些新的方法来解决这个问题，例如模糊匹配。本节，我们主要介绍一些常用的方法，包括：

❏ 使用 SQL 查询手工查找

　该方法比较费力，发现少，但准确度高。

❏ 自动数据清洗

　该方类方法一般会使用几项规则，这些规则使用信息最丰富的属性。

❏ 词汇相似性

　这种方法合理且有用，但会产生许多假告警。

❏ 特征与关系匹配

这种方法比较好，但无法解决非线性影响。

上述方法的精度往往取决于数据的稀疏性和数据集的大小，也取决于这些任务是否是解决重复、错误、变异，或别名等问题。

2.3.2　基于 Spark 的一致性匹配

与前面类似，尽管最常用的工具是 SparkSQL 和 R 语言，但我们还是要介绍一些使用 SampleClean 处理实体匹配问题的方法。

2.3.3　实体解析

对于一些基本的实体匹配任务，SampleClean 提供了简单易用的界面。SampleClean 包含一个名为 EntityResolution 的类，该类包含了一些常见的重复程序模式。

一个基本的 EntityResolution 类包括以下几个步骤：

1. 找到一个分类属性不一致的列。
2. 将相似的属性连接在一起。
3. 选择连接属性的一个单独正则表达方法。
4. 变更数据。

短字符串比较

我们有一个短字符串的列，该列存在表示的不一致。EntityResolution.shortAttribute-Canonicalize 函数的输入包括：当前内容，需要清洗的工作集名称，需要修正的列、阈值 0 或 1（0 全部合并，1 仅匹配合并）。该函数使用 EditDistance 作为默认的相似度量方法。下面是一个代码例子：

```
val algorithm = EntityResolution.
shortAttributeCanonicalize(scc,workingSetName,columnName,threshold)
```

长字符串比较

我们有一个长字符串的列，例如地址，它们是相近的但不准确。基本的策略是切分这些字符串，比较词汇集而不是整个字符串。该方法使用 WeightedJaccard 作为默认的相似性度量方法。下面是一个代码例子：

```
longAttributeCanonicalize(scc,workingSetName,columnName,threshold)
```

记录去重

更复杂的去重任务是记录的不一致，而不是单个字段的不一致。也就是说，多个记录指向相同的实体。RecordDeduplication 使用 Long Attribute 作为默认的相似度量方法。下面是一个代码例子：

```
RecordDeduplication.deduplication(scc, workingSetName,
columnProjection, threshold)
```

 更多关于 SampleClean 的资料，请访问 http://sampleclean.org/guide/。

2.3.4　更好的一致性匹配

正如前几节展示的，与数据清洗类似，同时使用 SampleClean 和 Spark 可以使一致性匹配更容易——编写较少的代码和使用更少的数据。正如前面讨论的，自动化的数据清理非常容易和快速，但准确性难以保证。把一致性匹配做得更好的常用方法是动用更多的人员使用费力的众包（crowd sourcing）方法。

SampleClean 在众包去重方法中组合了算法、机器、人员等因素。

众包去重

由于众包非常难以扩展到非常大的数据集，SampleClean 系统使用众包（crowd）在数据的一个采样集上进行去重，然后训练一个模型，并在整个数据集上推广众包的去重工作。具体来讲，SampleClean 使用 Active Learning 算法进行采样，可以快速建立一个较好的模型。

配置众包

为了使用 crowd worker 清理数据，SampleClean 使用开源的 AMPCrowd 服务来支撑多个 crowd 平台，并进行质量控制。因此，用户必须安装 AMPCrowd。此外，必须通过配置传递 CrowdConfiguration 对象将 crowd 操作符指向 AMPCrowd 服务器。

使用众包

SampleClean 目前提供了一个主要的众包操作符：ActiveLearningMatcher。

这是 EntityResolution 算法的扩展步骤，用于训练一个众包监督模型来预测重复。请看下面的代码：

```
createCrowdMatcher(scc:SampleCleanContext, attribute:String,
workingSetName:String)
val crowdMatcher = EntityResolution.createCrowdMatcher(scc,attribute,w
orkingSetName)
```

匹配器的配置如下：

```
crowdMatcher.alstrategy.setCrowdParameters(crowdConfig)
```

将匹配器添加到已有的算法，使用下面的函数：

```
addMatcher(matcher:Matcher)
algorithm.components.addMatcher(crowdMatcher)
```

2.4 数据集重组

本节，我们介绍数据集重组技术。我们将讨论一些特殊的 Spark 数据重组特征，以及一些可以用在 Spark notebook 中基于 R 语言数据重组的特别方法。

学习完本节，我们可以根据不同的机器学习需要进行数据集重组。

2.4.1 数据集重组任务

数据集重组虽然听起来比较容易，但还是很有挑战，并且非常耗时。

有两个常见的数据重组任务：一是，获取一个用于建模的数据子集；二是，以更高的层次汇总数据。例如，我们有学生数据，但是我们需要一些班级层面的数据集。为此，我们需要计算学生的一些属性，然后重组为新的数据。

处理数据重组，数据科学家和机器学习从业者经常使用他们熟悉的 SQL 和 R 语言编程工具。幸运的是，在 Spark 环境中，Spark SQL 和 R notebook 能够让用户沿用他们熟悉的方式。我们将在下面两节中详细说明。

　　总体来讲，我们推荐使用 SparkSQL 进行数据集重组。然而，出于学习的需要，本节我们主要集中在 Databricks 环境中 R notebook 的使用。

　　在统计和数据科学方面，R 语言和 Spark 在几个重要的应用场景都能很好地互补。默认情况下，Databricks 的 R notebook 包括 SparkR 程序包，因此数据科学家可以轻松地受益于 Spark 在 R 语言分析方面的强大能力。除了 SparkR，notebook 可以方便地安装任何 R 语言的程序包。这里，我们将强调 R notebook 的几个特征。

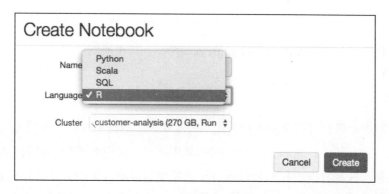

　　为了在 Databricks 中使用 R 语言，在创建 notebook 时选择 R 语言作为编程语言。因为 SparkR 是 Spark 中新增加的特征，你需要记住将 R notebook 与 1.4 及以上版本的 Spark 集群关联。SparkR 程序包是默认导入和配置的，你可以在 R 语言中执行 Spark 查询。

2.4.2　使用 Spark SQL 进行数据集重组

　　在上一节，我们讨论了使用 SparkSQL 进行数据集重组。

　　对于机器学习从业者，SQL 是一个执行复杂数据汇集的有力工具，并有很多熟悉的例子。

　　SELECT 是一个获取数据子集的命令。

　　对于数据汇集，机器学习从业者可以使用 SparkSQL 的 sample.aggregate 或窗口函数。

更多关于 SparkSQL 的各种合并函数，请访问：https://spark.apache.org/docs/ 1.4.0/api/scala/index.html#org.apache.spark.sql.functions$。

更多关于 SparkSQL 的窗口函数，请访问：https://databricks.com/blog/2015/ 07/15/ introducing-window-functions-in-spark-sql.html。

2.4.3 在 Spark 上使用 R 语言进行数据集重组

R 语言有一个子集命令，通过下面的格式创建子集：

```
# using subset function
newdata <- subset(olddata, var1 >= 20, select=c(ID, var2))
```

此外，我们也可以使用 R 语言的 aggregate 命令，如下所示：

```
aggdata <-aggregate(mtcars, by=list(cyl,vs),
  FUN=mean, na.rm=TRUE)
```

然而，数据一般拥有多个层次的分组（嵌套处理、分割图设计，或重复测量），需要在多个层次上进行研究。例如，通过长期的临床研究，我们对次数、时间、病人与医疗的关系感兴趣。这些数据的存储和采集是按照简单和准确收集的方式进行优化，而不是按照你所需要的统计分析进行组合，这给你的分析工作带来更多困难。你需要流畅地重构这些数据以满足你的需要，但是很多软件包都无法完成这项任务，我们需要为每个新的实例编写新的代码。

尤其是 R 语言有一个主要用于数据重组的程序包 reshape。reshape 程序包使用一个融合和构造范例，这里，数据汇合成一个能够区分测量和识别变量形式，然后将它"转换"到一个新的形状，它可能是一个 DataFrame、列表或高维数组。

我们回顾一下 2.2.3 节，有 4 个表格进行数据分析。

- ```
  Users(userId INT, name String, email STRING,
  age INT, latitude: DOUBLE, longitude: DOUBLE,
  subscribed: BOOLEAN)
  ```
- ```
  Events(userId INT, action INT, Default)
  ```
- ```
  WebLog(userId, webAction)
  ```
- ```
  Demographic(memberId, age, edu, income)
  ```

在这个例子中，我们经常需要从第一个数据中获得一个子集，并与第 4 个数据合并。

2.5　数据集连接

本节，我们将介绍数据连接的技术，并讨论 Spark 处理数据连接的特有的特征，以及一些使工作更容易进行的数据连接解决方案。

学习完本节，我们将有能力按照各类机器学习需要做数据连接。

2.5.1　数据连接及其工具——Spark SQL

为机器学习项目准备数据集时，我们一般需要组合多个数据集。关系表通过主键和外键进行连接。

连接两个及以上的数据集听起来容易，但做起来非常有挑战，并且非常耗时。在 SQL 语句中，SELECT 是最常用的命令。作为例子，下面是一个执行连接的典型的 SQL 代码：

```
SELECT column1, column2, …
FROM table1, table2
WHERE table1.joincolumn = table2.joincolumn
AND search_condition(s);
```

为执行上面提到的表连接任务，数据科学家和机器学习从业者经常使用他们熟悉的 SQL 工具。在 Spark 环境中，Spark SQL 就是为此开发的工具。

Spark SQL 能够让用户在 Spark 开发环境中使用 SQL 或 DataFrame API 查询结构化数据，这些在 R notebook 中依然可以使用。Spark SQL 重用了 Hive 的前端和元数据，与 Hive 数据和查询完全兼容。

Spark SQL 包含一个基于成本的优化器、列存储和代码生成器以生成快速的查询。同时，Spark SQL 使用 Spark 引擎将查询扩展到几千个节点并耗费多个小时，它支持查询过程中的容错机制。

使用 Spark SQL 时，有两个主要的组件：DataFrame 和 SQLContext。

正如前面讨论的，DataFrame 是一个组织成列的分布式数据集。它基于 R 语言的数据框，并与关系数据库的数据表类似。Spark SQL 通过 SQLContext 封装了所有关系函数。

2.5.2　Spark 中的数据集连接

这里，我们通过一些实例展示使用 Spark SQL 的方法和相关过程。

为便于分析，设想应用程序包含下面的 4 个数据表：

- Users(userId INT, name String, email STRING, age INT, latitude: DOUBLE, longitude: DOUBLE, subscribed: BOOLEAN)
- Events(userId INT, action INT, Default)
- WebLog(userId, webAction)
- Demographic(memberId, age, edu, income)

至少，我们需要将 User 和 Events 两个表连接起来，使用下面的代码完成连接：

```
val trainingDataTable = sql("""
  SELECT e.action
         u.age,
         u.latitude,
         u.logitude
  FROM Users u
  JOIN Events e
  ON u.userId = e.userId""")
```

Spark SQL 的结果以 RDD 的形式存储，与 Spark 其他库交互比较少。上面返回的结果可以直接用于机器学习。

从上面的例子看到，Spark SQL 使得为机器学习算法准备数据而进行的不同数据集连接非常方便。进一步讲，Spark SQL 允许开发者简便地操作和连接机器学习算法的输出结果，从而生成想要的结果。

更多关于 Spark SQL 使用的信息，请访问：http://spark.apache.org/docs/1.0.0/sql-programming-guide.html。

2.5.3　使用 R 语言数据表程序包进行数据连接

相比以前，Spark 已经使得数据操作更快、数据分析更容易了。

根据 Spark 开发团队的初衷，开发 Spark SQL 的目的是为了：

❑ 编写少量的代码

❑ 读取少量的数据

❑ 将一些困难的工作交给优化器完成

这都是通过使用 DataFrame 和 Spark SQL 命令 sqlContext.read 和 df.write 实现的。

除了 Spark SQL，data.table 程序包功能非常强大，用户也可以使用 R 语言连接表。开发 data.table 程序包的主要目的是：

❑ 快速合并大量的数据（例如：内存中数据 100GB），快速的排序连接

❑ 在不使用复制命令的情况下，按组快速增加 / 修改 / 删除列数据

❑ 按列进行数据表和快速的文件读取（fread）

该程序包为开发人员提供了自然和灵活的语法。

使用 data.table 进行连接，你首先需要创建 data.frame，这非常容易。然后，使用 X[Y] 连接两个表。

这被称为**末次观测值结转**（Last Observation Carried Forward，LOCF) 或滚动连接。

X[Y] 是 data.table X 和 data.table Y 两个表之间的连接。如果 Y 有两列，第一列与 X 的第一列的 key 匹配，两个表的第二列也互相匹配。默认情况下执行 equi-join，也就是值必须相等。

除了等值连接，还有滚动连接：

```
X[Y,roll=TRUE]
```

如前所述，Y 的第一列与 X 的第一列匹配，也就是值相等。然而，Y 中的最后一个连接列，即例子中的第二列，被特殊处理。在第一列匹配的情况下，如果未找到匹配项，将返回上一行的值。

其他控制包括：前滚、后滚、回滚至最近项和限时滚动。

在提示符下，输入下面的命令查看例子。

```
example(data.table)
```

R 语言 data.table 提供了增强版 data.frame，包括：

❑ 快速合并大量数据——例如，100GB（查看一下高达 20 亿行的测试基准）。

❑ 快速的排序连接——例如，前滚、后滚、回滚至最近项和限时滚动。

❑ 快速的重叠范围连接——例如，GenomicRanges。

在 2.2.3 节，为便于分析我们给出了 4 个表：

- ```
  Users(userId INT, name String, email STRING,
  age INT, latitude: DOUBLE, longitude: DOUBLE,
  subscribed: BOOLEAN)
  ```
- ```
  Events(userId INT, action INT, Default)
  ```
- ```
  WebLog(userId, webAction)
  ```
- ```
  Demographic(memberId, age, edu, income)
  ```

在这个例子中，上一节我们获取了第一个数据的一个子集，然后与第四个数据汇集。现在，将它们连接在一起。如上一节，在 R notebook 上混合使用 Spark SQL 和 R 语言，使数据连接更容易。

2.6　特征提取

在本节，我们的关注点将转向特征提取，特征提取是根据工作数据集中可用特征或信息扩展为新的特征或者变量。与此同时，我们将讨论一些 Apache Spark 中特征提取的特殊功能，以及 Spark 中与特征相关的便捷解决方案。

学完本节之后，我们能够针对各种各样的机器学习项目开发并组织特征。

2.6.1　特征开发的挑战

大部分的大数据机器学习项目通常都不能直接使用大数据集。例如，使用网络日志数据时，它经常以随机文本集形式呈现，显得非常混乱，我们需要从中提取对机器学习有用的信息和特征。例如，我们需要从网络日志数据提取点击次数和展示次数，这样才能使用许多文本挖掘工具和算法。

对于任何特征提取，机器学习从业者需要决定：

❑ 采用什么信息，生成哪些特征

❑ 使用何种方法和算法

提取什么特征取决于以下几种情况：

❑ 数据可用性以及数据特性，比如处理数据缺失情况的难易程度

❑ 可用的算法，尽管有很多的算法可用于数据元素的数字组合，但较缺乏文本操作算法

❑ 领域知识，因为涉及解读特征的能力

总体来说，下面几个常用的技术可用于追踪特征：

❑ 数据描述

❑ 数据合并

❑ 时序转换

❑ 地理相关技术

❑ 主成分分析（PCA）

特征准备的另一项工作是从数百上千个可用特征中进行选择，然后用于我们的机器学习项目。在机器学习中，特别是监督学习，手头上的普遍问题常常是根据一组预测性特征来预测结果。在大数据时代，乍看之下，会自然而然认为我们拥有的特征越多，预测效果会越好。然而，随着特征量的增加也会导致一些问题，如增加计算时间，也会导致生成结果的解读性差。

大多数情况下，在特征准备阶段，机器学习从业者经常使用与回归模型相关的特征选择方法和算法。

2.6.2　基于 Spark MLlib 的特征开发

特征提取可以使用 Spark SQL 实现，同时，Spark MLlib 也有一些特殊函数完成此项任务，例如 TF-IDF 和 Word2Vec。

MLlib 和 R 语言都有主成分分析包，可以用于特征开发。

如我们所知，在 2.2.3 节，我们有 4 个数据表可用于展示说明：

- Users(userId INT, name String, email STRING, age INT, latitude: DOUBLE, longitude: DOUBLE, subscribed: BOOLEAN)
- Events(userId INT, action INT, Default)
- WebLog(userId, webAction)
- Demographic(memberId, age, edu, income)

在这里，我们可以对第三方数据应用特征提取技术，然后对最终合并的（连接）数据集进行特征选择。

基于 Spark MLlib，我们可以用下面的命令调用 TF-IDF：

```
val hashingTF = new HashingTF()
val tf: RDD[Vector] = hashingTF.transform(documents)
```

另外，我们也可以应用 Word2Vec，如下面的例子所示。

下面的例子（在 Scala 中）首先加载一个文本文件，把它解析为一个 Seq[String] 类型的 RDD，再构建一个 Word2Vec 实例，之后使用数据拟合 Word2VecModel。然后，我们可以显示指定的前 40 个单词的同义词。这里，我们假定计划提取的文件名为 text8，并和运行的 Spark shell 在同一个目录下。运行下面的代码：

```
import org.apache.spark._
import org.apache.spark.rdd._
import org.apache.spark.SparkContext._
import org.apache.spark.mllib.feature.{Word2Vec, Word2VecModel}

val input = sc.textFile("text8").map(line => line.split(" ").toSeq)

val word2vec = new Word2Vec()

val model = word2vec.fit(input)

val synonyms = model.findSynonyms("china", 40)

for((synonym, cosineSimilarity) <- synonyms) {
  println(s"$synonym $cosineSimilarity")
}

// Save and load model

model.save(sc, "myModelPath")
val sameModel = Word2VecModel.load(sc, "myModelPath")
```

有关使用 Spark MLlib 进行特征提取的更多信息，请访问：http://spark.
apache.org/docs/latest/mllib-feature-extraction.html。

2.6.3　基于 R 语言的特征开发

前面提到了 4 个数据表：

- Users(userId INT, name String, email STRING,
  age INT, latitude: DOUBLE, longitude: DOUBLE,
  subscribed: BOOLEAN)
- Events(userId INT, action INT, Default)
- WebLog(userId, webAction)
- Demographic(memberId, age, edu, income)

正如前面讨论的，我们可以对第三方数据应用特征提取技术，然后对最终合并的
（连接）数据集进行特征选择。

如果我们在 R 语言中利用 Spark R notebook 实现它们，就必须用到一些 R 程序包。
如果使用 ReporteRs，我们可以执行以下命令：

```
## Not run:
doc = docx( title = "My example", template = file.path(
  find.package("ReporteRs"), "templates/bookmark_example.docx") )
text_extract( doc )
text_extract( doc, header = FALSE, footer = FALSE )
text_extract( doc, bookmark = "author" )

## End(Not run)
```

 关于 ReporteRsR 程序包的更多信息请访问：https://cran.r-project.org/web/
packages/ReporteRs/ReporteRs.pdf。

2.7　复用性和自动化

本节我们将讨论数据集组织方法、预处理工作流方法，然后使用 Apache Spark
pipeline 模型进行表示，并实现工作流。然后，我们将评估数据预处理的自动化解决
方案。

学完本节，我们应能够使用 Spark pipeline 模型来表示和实现数据集预处理工作流，理解一些基于 Apache Spark 的自动化解决方案。

2.7.1 数据集预处理工作流

数据准备工作是从数据清洗到标识匹配，再由数据重组到特征提取，能以某种形式进行组织，反映了一步一步开展机器学习数据集准备的有序过程。换言之，所有的数据准备工作可以被组织为一个工作流程。

为工作流组织数据清理可以帮助实现复用性工作和自动化，对于机器学习从业者而言极具价值，这是因为机器学习从业者和数据科学家往往要花费工作时间的 80% 用于数据清洗和预处理。

在大多数机器学习项目中，包括后续章节中要讨论的，数据科学家需要把数据划分训练数据集、测试数据集和验证数据集。这里，需要对训练数据集做的预处理同样会重复应用于测试数据集和验证数据集。仅以此为由，利用工作流进行复用将节省机器学习从业者大量时间，也有利于避免许多错误。

使用 Spark 表示和实现数据预处理的工作流有独特优势，其中包括：

❑ 不同来源之间的数据流无缝集成。

　　这是首要且非常重要的一步。

❑ 可用 MLlib 和 GraphX 数据处理库。

　　正如前面章节中指出，构建基于 MLlib 和 GraphX 的库使得数据清洗更加容易。

❑ 避免与速度较慢的脱机表连接。

　　Spark SQL 比 SQL 运行速度快。

❑ 操作被自然地并行执行，速度显著提升。

　　并行计算由 Apache Spark 提供；同时，优化是 Spark 提供的另一个优势。

Spark pipeline API 使得开发、部署数据清理和数据预处理工作流特别容易。

2.7.2　基于 Spark pipeline 的数据集预处理

作为案例，SampleClean 是数据预处理系统的一部分——特别适于数据清洗和对象分析工作。

为了更好地学习，我们鼓励用户把 SampleClearn 和 R notebook 相结合，然后利用 Apache Spark pipeline 来组织工作流。

正如在前面的章节中讨论的，为完成数据预处理，使其可用，我们需要至少以下步骤：

1. 数据清洗，处理缺失情况。
2. 对象分析，解决对象问题。
3. 重组数据，覆盖子集和汇总数据。
4. 连接数据。
5. 基于现有特征开发新特征。

对于一些最基本的预处理，我们可以用几行 R 语言代码组织成工作流：

```
df$var[is.na(df$var)] <- mean(df$var, na.rm = TRUE)
```

然后，我们使用 R 语言函数、subset、aggregate 和 merge 重组和连接数据集。

上述在 R notebook 上开展的工作，通过结合使用 SampleClearn 和特征开发，完成工作流。

然而，在实际工作中，预处理工作流会更加复杂，并可能会涉及反馈。

2.7.3　数据集预处理自动化

Spark 新的 pipeline 模型能较好地表示工作流。

一旦所有数据预处理步骤经过组织进入工作流，自动化将变得更容易。

Databricks 是一个端到端的解决方案，目的是更容易地构建一个从数据采集到生成的 pipeline。同样的概念也适用于 R notebook：你可以规划 R notebook 在现有的或新的

Spark 集群上运行作业。每个作业运行的结果，包括可视化，都可以进行浏览，这使得数据科学家的工作成果可以更简便快速地投入到生产。

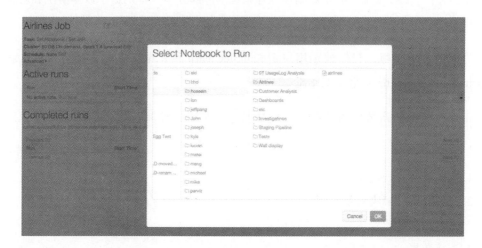

这里有一点很重要：数据准备可以将输出转换为 DataFrame。然后，可以很容易地与机器学习 pipeline 结合，全部实现自动化。

例如，最常见的高级分析任务可以使用 MLlib 新的 pipeline API。例如，下面的代码创建一个简单的文本分类 pipeline，pipeline 由 tokenizer、散列词频特征提取机和逻辑回归组成：

```
tokenizer = Tokenizer(inputCol="text", outputCol="words")
hashingTF = HashingTF(inputCol="words", outputCol="features")
lr = LogisticRegression(maxIter=10, regParam=0.01)
pipeline = Pipeline(stages=[tokenizer, hashingTF, lr])
```

建立好 pipeline 之后，我们就可以用它直接在 DataFrame 上进行训练模型：

```
df = context.load("/path/to/data")
model = pipeline.fit(df)
```

上面的代码，我们将在后面的章节中进行更多讨论。

2.2.3 节中有如下 4 个做案例说明的数据表：

- `Users(userId INT, name String, email STRING, age INT, latitude: DOUBLE, longitude: DOUBLE, subscribed: BOOLEAN)`

- Events(userId INT, action INT, Default)
- WebLog(userId, webAction)
- Demographic(memberId, age, edu, income)

基于这组数据集，我们进行了：

1. 数据清洗。

2. 一致性匹配。

3. 数据集重组。

4. 数据集连接。

5. 特征提取，然后开展数据连接、特征选择。

为了实现上述工作，我们可以使用 R notebook 将这些工作组织为可自动化的工作流，也可求助于 Spark pipeline。

完成上述所有工作后，我们就可以开展机器学习了。

2.8　小结

机器学习从业者和科学家往往花 80% 甚至更多的时间用于数据准备，因此，尽管数据准备可能是最繁琐的工作内容，但是它也是执行工作的最重要任务。

本章先讨论了定位数据集、加载数据至 Apache Spark，然后全面介绍了完成 6 大关键数据准备任务的方法，其中包括：

- ❏ 治理脏数据，重点关注缺失数据
- ❏ 解决对象与数据集匹配问题
- ❏ 重组数据集，用创建子集和汇总数据作为例子
- ❏ 连接数据表
- ❏ 特征开发
- ❏ 组织构建数据准备的工作流及其自动化实现

通过介绍本章内容，我们研究了 Spark SQL 和 R 语言这两个主要工具，以及一些特殊 Spark 程序包，如 SampleClean、R reshape 程序包等。我们还探讨了使数据准备更方便、快捷的方式。

学完本章，我们应该掌握所有必要的数据准备方法以及几个高级技巧，并具备数据集清洗的能力。从现在开始，我们应该能够基于工作流方法快速完成数据准备任务，并准备好开展机器学习实践任务。

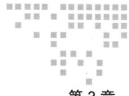

第 3 章 *Chapter 3*

基于 Spark 的整体视图

通过第 1 章，我们建立起了 Spark 系统，根据第 2 章的内容，我们完成了数据准备。现在将进入 Spark 系统应用的新阶段：从数据中获得洞见。

根据 Gartner 等机构的研究结果，许多公司仅仅是因为缺乏其商业的整体视图而损失了大量的价值。本章我们将回顾机器学习的方法和获得商业整体视图的步骤，然后讨论 Spark 如何简单、快速地进行相关计算，同时通过一个实例，循序渐进地展示使用 Spark 从数据到整体视图的开发过程。

❏ Spark 整体视图
❏ 整体视图的方法
❏ 特征准备
❏ 模型估计
❏ 模型评估
❏ 结果解释
❏ 部署

3.1 Spark 整体视图

Spark 能够快速处理大量的数据，易于开发复杂的计算，因此，非常适合机器学习项目，例如获得商业的整体视图。本节，我们首先介绍一个真实的商业案例，然后讨论在 Spark 上完成项目的准备工作。

3.1.1 例子

IFS 公司销售和分发数千种 IT 产品，拥有许多市场营销、培训、团队管理、促销和产品相关的数据。公司希望知道市场营销和培训等不同的行为如何影响销售团队的成功。换句话说，IFS 公司对找到市场营销、培训或促销对销售成功分别产生多大的影响非常感兴趣。

过去几年，IFS 公司已经开展了很多分析工作，但是这些工作都是单独部门在单个数据集上完成的。也就是说，他们已经拥有了仅通过市场营销数据得到其如何影响销售的分析结果，以及仅通过培训数据得到的培训如何影响销售的分析结果。

当决策者拿到所有分析结果，并准备使用这些结果时，他们发现一些结果之间互相矛盾。例如，当他们把所有影响因素加在一起时，总的影响结果超出了他们的直觉想象。

这是每个公司都会面临的典型问题。单一数据集上的单独分析不仅不会生成一个全局的视图，而且经常生成一个有偏见或者互相冲突的视图。为解决这个问题，分析团队需要对公司全部数据有一个整体的观念，把这些数据收集在一起，使用新的机器学习方法来获得公司业务的整体视图。

为做到这一点，公司需要关注以下几个方面：

❑ 完整的原因
❑ 对于复杂关系的高级分析
❑ 计算复杂性与分组和大量产品与服务相关

在这个例子中，我们有 8 个数据集，其中包含：具有 48 个特征的市场营销数据集，具有 56 个特征的培训数据集，具有 73 个特征的团队管理数据集。整体情况如右表所示。

分类	特征数量
团队管理	73
市场营销	48
培训	56
员工	103
产品	77
促销	43
合计	400

该公司研究人员知道要将所有数据集放在一起，建立一个完整的模型可以解决这个问题，但是由于种种原因而无法做到。除

了公司内部组织的问题外，存储所有数据，用正确的方法快速处理，以合理的速度和正确的方式呈现所有结果在技术上也是充满了挑战。

与此同时，该公司提供 100 多个产品，将这些产品的数据汇集在一起研究公司相关措施之间的影响。这样，计算出的影响是平均的影响，但因产品之间的差异太大而不能被忽视。如果我们需要评估每一个产品的影响，优先考虑并行计算，并实现良好的计算速度。对这家公司来讲，如果未使用一个像 Spark 一样好的计算平台，满足上面提到的要求是一项很大的挑战。

在下面几节，我们将使用 Apache Spark 上的机器学习算法来解决这个商业实例，帮助这家公司获得整体视图。为了帮助你高效地学习 Spark 上的机器学习，下面几节的讨论都基于这个商业实例。然而，出于保护该公司隐私的考虑，我们去除一些细节，保证每件事都简洁明了。

正如以上讨论，我们的项目需要并行计算，因此，我们需要建立集群和工作节点。然后，使用驱动程序和集群管理器来管理每个节点上进行的计算。

我们在第 1 章中讨论了 Spark 环境的准备，要了解更多的信息，可以参考如下网址：http://spark.apache.org/docs/latest/configuration.html。

作为例子，假设我们使用 Databricks 环境开展工作，可以通过下面的步骤建立集群：

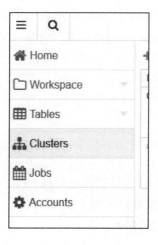

前往主菜单，单击 "Clusters"，将会为用户打开一个创建集群名字的窗口。在这里，

选择 Spark 的版本，指定工作节点的数量。

一旦集群建立完成，我们回到前面提到的主菜单，单击"Tables"右侧向下的箭头，选择"Create Tables"，导入数据集。数据集需要根据第 2 章中介绍的情况进行清洗和准备。屏幕截图如下所示：

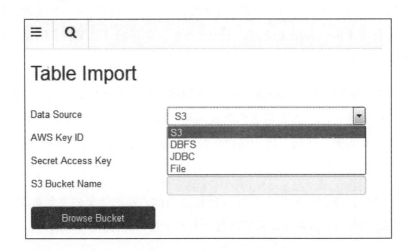

我们可以选择 S3、DBFS、JDBC 和文件（本地）作为数据源。根据第 2 章中的内容，因为每个产品需要训练几个模型，我们的数据分为两个数据集：一个用于训练，一个用于测试。

在 Spark 中，我们需要指挥每个计算节点完成计算任务。因此，在 Databricks 环境中，我们需要一个调度器使 notebook 完成计算、收集结果反馈，这将在 3.1 节"模型估计"一节中介绍。

3.1.2　简洁快速的计算

使用 Spark 最重要的优势是程序编码简单，并且具有多种方法可供选择。

本项目我们主要使用 notebook 方法编程，也就是说，我们将使用 R notebook 方法开发和组织代码。同时，为了更加充分地阐述 Spark 技术，也因为 MLlib 与 Spark 无缝集成，我们将直接使用 MLlib 来编写所需的代码。

在 DataBricks 环境中，建立 notebook 环境需要下面的步骤：

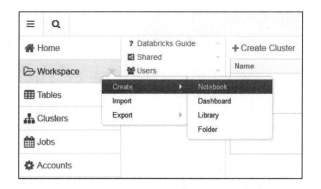

正如上面的屏幕截图所示，用户可以到 Databricks 的主菜单，单击"Workspace"右侧的箭头，选择"Create->Notebook"创建一个新的 notebook。之后会出现一个下拉表格让用户创建名字，选择一种语言（R 语言、Python、Scala 或者 SQL）。

为了让工作具有可重复性并且易于理解，我们将引入一个与第 1 章中描述的 RM4E 框架相一致的工作流方法。我们将尽可能使用 Spark ML pipeline 工具表示我们的工作流。具体来讲，对于训练数据集，我们需要估计模型、评估模型，或许在模型使用之前需要重新估计模型。因此，我们需要使用 Spark 的转换器、估计器和评估器来为本项目组织一个机器学习 pipeline。实际上，我们也会在 R notebook 环境中组织这些工作流。

关于 pipeline 编程的更多信息，请访问：http://spark.apache.org/docs/latest/ml-guide.html#example-pipeline 和 http://spark.apache.org/docs/latest/ml-guide.html。

一旦我们完成计算平台搭建，掌握了工作的框架，其他事情也就清楚了。在下面几节，我们将一步一步地进行。也就是说，我们将使用 RM4E 框架，以及第 1 章中讨论过的过程：首先是识别方程或方法和准备特征，第二步是完成模型的估计，第三步是评估模型，第四步是解释我们的结果，最后部署模型。

3.2　整体视图的方法

正如上一节讨论的，本节我们将选择分析的方法或模型（方程）来完成从商业实例到机器学习方法的映射。

要评估影响销售团队成功的不同因素，我们有很多方法可以使用。作为例子，我们选择易于解释和在 Spark 上易于实现的三个模型：（a）回归模型，（b）结构方程模型和（c）决策树。

选择好分析方法或模型后，我们需要准备因变量和编程。后续几节将详细介绍。

3.2.1　回归模型

为了在 Spark 上使用回归模型，我们需要关注以下 3 点：

❑ 线性回归或是逻辑回归

回归方法是最成熟和最广泛使用的模型，主要用于表示不同变量对一个因变量的影响。使用线性回归方法还是逻辑回归方法主要取决于变量间的关系是线性还是非线性。这里，我们对变量间的关系不是很确定，因此将使用两个方法，根据他们的结果来选择部署哪个。

❑ 准备因变量

为了使用逻辑回归方法，我们需要通过中值法对目标变量或因变量（销售团队的成功变量，目前从 0 到 100）重新编码为 0 或 1。

❑ 准备编程

在 MLlib 中，我们可以使用下面的代码进行回归建模。现在使用 Spark MLlib 中的随机梯度下降法进行线性回归建模。

```
val numIterations = 90
val model = LinearRegressionWithSGD.train(TrainingData,
numIterations)
```

对于逻辑回归，我们使用下面的代码：

```
val model = new LogisticRegressionWithSGD()
  .setNumClasses(2)
  .run(training)
```

更多关于如何使用 MLlib 进行线性回归建模的信息，请访问：http://spark.apache.org/docs/latest/mllib-linear-methods.html#linear-least-squares-lasso-and-ridge-regression。

在 R 语言环境中，我们可以使用 lm 函数进行线性回归，使用 glm 函数进行逻辑回归，设置 family=binomial()。

3.2.2　SEM 方法

为了在 Spark 上进行**结构方程建模**（Structural Equation Modeling，SEM），我们需要关注以下 3 点：

- ❑ SEM 介绍说明

  结构方程建模可以看作是线性回归建模的扩展，因其由几个与回归方程类似的线性方程组成。然而，该模型同时估计所有方程，并考虑方程间的内部关系，因此较回归模型有更少的偏差。结构方程建模包括结构化建模和潜在变量建模两部分，而我们只使用结构化建模。

- ❑ 准备因变量

  我们可以使用销售团队成功变量（范围从 0 到 100）作为我们的目标变量。

- ❑ 准备编程

  我们将使用 Databricks 环境下的 R notebook 进行编程，并使用 R 语言的 SEM 包。虽然有很多结构方程建模包可以选择，例如 lavaan，但是我们在本项目中还是从易于学习角度出发使用 SEM 包。

  我们使用 install. packages("sem", repos="http://R-Forge.R-project.org") 方法将 SEM 包加载到 R notebook 环境。接下来，我们执行 R 语言代码 library（sem）。

  之后，我们使用 specify.model() 函数在 R notebook 环境中指定模型，代码如下：

```
mod.no1 <- specifyModel()
s1 <- x1, gam31
s1 <- x2, gam32
```

3.2.3　决策树

为了在 Spark 上进行决策树建模，我们需要关注以下 3 点：

❑ 决策树选择

决策树主要用于分类场景建模，在我们的例子中，决策树逐一将它们分为成功或者失败。决策树也是一个非常成熟和广泛使用的方法。决策树存在过拟合问题，因此需要后向归一化来消除过拟合。正因为如此，我们只使用简单的线性决策树，而不是冒昧地使用更加复杂的决策树，例如随机森林算法。

❑ 准备因变量

为了使用决策树模型，我们将销售团队的级别分为两类：成功或者失败。这与我们使用逻辑回归时一样。

❑ 准备编程

对于 MLlib，我们可以使用如下代码：

```
val numClasses = 2
val categoricalFeaturesInfo = Map[Int, Int]()
val impurity = "gini"
val maxDepth = 6
val maxBins = 32
val model = DecisionTree.trainClassifier(trainingData, numClasses,
categoricalFeaturesInfo,
  impurity, maxDepth, maxBins)
```

更多关于 MLlib 上使用决策树的信息，请访问：http://spark. apache.org/docs/latest/mllib-decision-tree.html。

使用 Spark 上的 R notebook，我们使用 R 语言的 rpart 包中的 rpart 函数进行计算。对于 rpart 函数，我们需要指定分类器和所有需要使用的特征。

3.3 特征准备

在前面几节，我们选择了模型并且准备了监督学习所需的因变量。本节，我们需要准备自变量，他们是影响因变量因素（销售团队的成功）的所有特征。对于这项重要的工作，我们需要将 400 多个特征约减为合理的一组特征，以适应最终的建模需要。为此，我们使用 PCA 方法，利用专业知识，然后执行特征选择任务。

3.3.1　PCA

PCA 是非常成熟且经常使用的特征约减方法，经常用来寻找一个小的变量集合以表示最显著的变化。严格地讲，PCA 的目标是寻找一个低维度子空间来尽可能获取数据集的变化情况。

如果你使用 MLlib，以下网址有几个示例代码，用户可以在 Spark 上使用、修改后运行 PCA：http://spark.apache.org/docs/latest/mllib-dimensionality-reduction.html#principal-component-analysis-pca。更多关于 MLlib 的信息，请访问：https://spark.apache.org/docs/1.2.1/mllib-dimensionality-reduction.html。

考虑到 R 语言丰富的 PCA 算法，在本例中我们使用 R 语言。在 R 语言中，至少有 5 个 PCA 计算的函数，具体如下：

- ❏ prcomp() (stats)
- ❏ princomp() (stats)
- ❏ PCA() (FactoMineR)
- ❏ dudi.pca() (ade4)
- ❏ acp() (amap)

R 语言 Stats 包中的 prcomp 和 princomp 方法最常使用，并且具有较好的结果总结和绘制的函数。因此，我们将使用这两个方法。

3.3.2　使用专业知识进行分类分组

事情总是这样，如果可以使用一些专业知识，可以大幅提高特征筛选结果。

对于我们这个例子，数据分类是一个良好的开始，数据分类如下：

- ❏ 市场营销
- ❏ 培训
- ❏ 促销
- ❏ 团队管理
- ❏ 员工
- ❏ 产品

因此，我们针对每个数据分类执行一个 PCA 算法，共执行 6 次 PCA 算法。例如，对于团队分类，我们需要在 73 个特征或变量上执行 PCA 算法，以识别出能够全面表示我们所了解的团队信息的因素或维度。在这个练习中，我们找到 2 个维度来表示团队分类的 73 个特征。

对于员工分类，我们在 103 个特征或变量上执行 PCA 算法，以识别出能够全面表示我们所了解的员工信息的因素或维度。在这个练习中，我们找到 2 个维度来表示员工分类的 103 个特征。特征选择情况如下表所示：

分　　类	因素的数量	因素的名称
团队	2	T1, T2
市场营销	3	M1, M2, M3
培训	3	Tr1, Tr2, Tr3
员工	2	S1, S2
产品	4	P1, P2, P3, P4
促销	3	Pr1, Pr2, Pr3
合计	17	

PCA 执行之后，我们在每个类型得到了 2 到 4 个特征，汇总情况如上表所示。

3.3.3　特征选择

特征选择主要用于消除特征冗余或不相关特征，但是由于以下原因一般在最后使用：

❑ 使模型易于理解

❑ 减少过拟合的机会

❑ 节约模型估计的时间和空间

在 MLlib 中，我们可以使用 ChiSqSelector 算法，具体如下所示：

```
// Create ChiSqSelector that will select top 25 of 400 features
val selector = new ChiSqSelector(25)
// Create ChiSqSelector model (selecting features)
val transformer = selector.fit(TrainingData)
```

在 R 语言中，我们可以使用 R 语言包来简化计算。在可选的 R 语言包中，CARET 是经常使用的 R 语言包之一。

首先，作为练习，我们在所有 400 个特征上执行特征选择。

然后，我们从 PCA 结果中选择的所有特征开始，我们也执行特征选择，因此可以全部保留它们。

因此，最后我们有 17 个特征供使用，具体如下所示：

特　　征
团队特征 T1, T2
市场营销特征 M1, M2, M3
培训特征 Tr1, Tr2, Tr3
员工特征 S1, S2
产品特征 P1, P2, P3, P4
促销特征 Pr1, Pr2, Pr3

更多关于 Spark 上特征选择的信息，请访问：http://spark.apache.org/docs/latest/mllib-feature-extraction.html。

3.4 模型估计

在上一节完成了特征集选择，接下来需要评估模型参数。我们可以使用 MLlib 或者 R 语言进行评估，并准备分布式的计算。

为了简化操作，我们使用 Databricks 的作业特性。具体来讲，在 Databricks 环境中，前往"Job"菜单，创建作业，如下图所示：

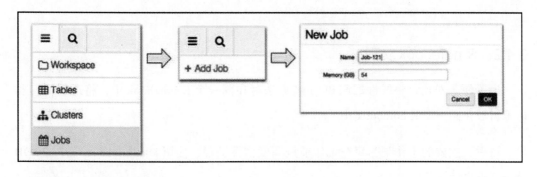

接着，用户可以选择 notebook 来运行，指定集群并且调度作业。一旦作业被调度，

用户可以监视作业的执行，并收集结果。

在 3.2 节，我们为选择的 3 个模型准备了一些代码。现在，需要修改这些代码和上一节讨论的最终特征集，以创建最终的 notebook。

换句话说，我们有 1 个因变量和通过 PCA 和特征选择得到的 17 个特征。因此，我们需要将这些变量插入到我们第 2 节开发的代码中，以建立我们的 notebook。然后，我们将使用 Spark 作业特征以分布式的方式执行这些 notebook。

3.4.1 MLlib 实现

首先，我们为使用线性回归的因变量 s1 和使用逻辑回归的因变量 s2，以及决策树准备数据。然后，将 17 个选择的特征加入进去形成可以使用的数据集。

对于线性回归，我们使用如下代码：

```
val numIterations = 90
val model = LinearRegressionWithSGD.train(TrainingData, numIterations)
```

对于逻辑回归，我们使用如下代码：

```
val model = new LogisticRegressionWithSGD()
  .setNumClasses(2)
```

对于决策树，我们使用如下代码：

```
val model = DecisionTree.trainClassifier(trainingData, numClasses,
categoricalFeaturesInfo,
  impurity, maxDepth, maxBins)
```

3.4.2 R notebook 实现

为了便于对比，将线性回归和 SEM 方法写在同一个 R notebook 中，将逻辑回归和决策树写在同一个 R notebook 中。

然后，主要的工作是为每个工作节点调度估算进程，使用 Databricks 环境中的 JOB 特征来收集计算结果。

❑ 对于线性回归和 SEM 方法，执行下面的代码：

```
lm.est1 <- lm(s1 ~ T1+T2+M1+ M2+ M3+ Tr1+ Tr2+ Tr3+ S1+ S2+ P1+
P2+ P3+ P4+ Pr1+ Pr2+ Pr3)
mod.no1 <- specifyModel()
s1 <- x1, gam31
s1 <- x2, gam32
```

❑ 对于逻辑回归和决策树方法，执行下面的代码：

```
logit.est1 <- glm(s2~ T1+T2+M1+ M2+ M3+ Tr1+ Tr2+ Tr3+ S1+ S2+ P1+
P2+ P3+ P4+ Pr1+ Pr2+ Pr3,family=binomial())

 dt.est1 <- rpart(s2~ T1+T2+M1+ M2+ M3+ Tr1+ Tr2+ Tr3+ S1+ S2+ P1+
P2+ P3+ P4+ Pr1+ Pr2+ Pr3, method="class")
```

我们为每个产品执行了模型的估计。为了简化讨论，我们聚焦在一个产品上完成模型评估和部署方面的讨论。

3.5 模型评估

在上一节，我们完成了模型估计任务。现在，对我们来讲是时候评估模型是否满足模型质量标准，以决定我们进行下一步的结果解释还是回到前面的阶段改善模型。

本节，我们将使用**均方根误差**（Root-Mean-Square Error，RMSE）和**受试者工作特征**（Receiver Operating Characteristic，ROC）曲线来评估我们模型的质量。计算 RMSE 和 ROC 曲线，我们需要使用测试数据而不是训练数据来评估模型。

3.5.1 快速评价

很多软件包为用户提供一些算法来快速评估模型。例如，在 MLlib 和 R 语言中，逻辑回归模型都提供混淆矩阵和误报数计算。

具体来讲，MLlib 为我们提供 confusionMatrix 和 numFalseNegatives() 这两个函数和一些算法来快速计算 MES，如下所示：

```
MSE = valuesAndPreds.(lambda (v, p): (v - p)**2).mean()
print("Mean Squared Error = " + str(MSE))
```

此外，R 语言为我们提供 confusion.matrix 函数。在 R 语言中，有很多工具能进行快速的图形绘制，用以快速地评估一个模型。

例如，我们可以绘制预测值和实际值，以及预测值的残差。

直观地说，比较预测值与实际值的方法是最容易的理解方法，并给了我们一个快速的模型评价。下面是为公司某一个产品计算的混淆矩阵，它显示了模型的合理性。详见右边的表格。

成功与否	预测成功	预测未成功
实际成功	83%	17%
实际未成功	9%	91%

3.5.2 RMSE

在 MLlib 中，我们使用下面的代码计算 RMSE：

```
val valuesAndPreds = test.map { point =>
    val prediction = new_model.predict(point.features)
    val r = (point.label, prediction)
    r
    }

val residuals = valuesAndPreds.map {case (v, p) => math.pow((v - p),
2)}
val MSE = residuals.mean();
val RMSE = math.pow(MSE, 0.5)
```

除了上面的代码，MLlib 的 RegressionMetrics 和 RankingMetrics 类中也为我们提供了一些用于计算 RMSE 的函数。

在 R 语言中，我们通过下面的代码计算 RMSE：

```
RMSE <- sqrt(mean((y-y_pred)^2))
```

在此之前，我们需要执行下面的命令来得到预测值：

```
> # build a model
> RMSElinreg <- lm(s1 ~ . ,data= data1)
>
> #score the model
> score <- predict(RMSElinreg, data2
```

所有估计模型的 RMSE 值计算完毕之后，我们将对它们进行比较，以评估线性回归模型、逻辑回归模型和决策树模型。在本例中，线性回归模型结果最优。

然后，我们对全部产品比较了 RMSE 值，并对一些产品的模型进行了优化提升。

关于获得 RMSE 值的其他例子，请访问：http://www.cakesolutions.net/teamblogs/spark-mllib-linear-regression-example-and-vocabulary。

3.5.3　ROC 曲线

作为例子，我们将计算逻辑回归模型的 ROC 曲线。

在 MLlib 中，我们将估计的模型用在测试数据上，在得到了测试标签之后，我们就可以使用 metrics.areaUnderROC() 函数来计算 ROC 曲线。

更多关于使用 MLlib 计算 ROC 曲线的信息，请访问：http://web.cs.ucla.edu/~mtgarip/linear.html。

在 R 语言中，我们使用 pROC 包，执行下面的代码计算和绘制 ROC 曲线：

```
mylogit <- glm(s2 ~ ., family = "binomial")
summary(mylogit)
prob=predict(mylogit,type=c("response"))
testdata1$prob=prob
library(pROC)
g <- roc(s2 ~ prob, data = testdata1)
plot(g)
```

正如前面讨论的，计算了 ROC 曲线之后，我们就可以用它们在全部产品上比较逻辑回归和决策树模型。本例中，逻辑回归模型的表现优于决策树模型：

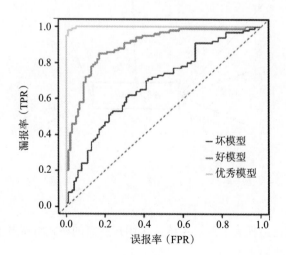

3.6 结果解释

通过了模型评估，并决定选择估计模型作为最终模型之后，我们需要向公司执行团队和技术团队解释执行结果。

接下来，我们将讨论一些经常使用的结果解释方法，使用图表来表达影响评估。

一些用户喜欢使用 ROI 的形式解释我们的结果，这就需要成本和效益的数据。当我们拥有成本和效益数据时，结果可以很方便地覆盖 ROI 主题。当然，需要一些优化才可以应用到实际决策中。

影响的评估

正如在 Spark 整体视图一节中所介绍的，本项目的主要目的是获得销售团队成功的整体视图。例如，公司希望比较一下市场营销与培训和其他因素对销售团队成功的影响。

我们已经使用线性回归模型进行了估计，一个简单的影响比较方法是使用每个特征组的 ANOVA 来总结这种变化。

下图是另一个使用图形解释结果的例子：

特征组	百分比（%）
团队	8.5
市场营销	7.6
培训	5.7
员工	12.9
产品	8.9
促销	14.6
合计	58.2

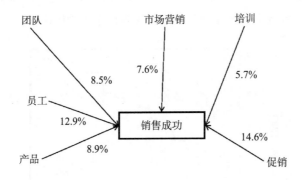

3.7 部署

有一些用户可能已经拥有了部署系统，按用户所需的格式将所开发的模型导出即可。

对于线性回归模型，MLlib 支持将模型导出为**预测模型标记语言**（Predictive Model Markup Language，PMML）。

更多关于 MLlib 导出 PMML 模型的信息，请访问：https://spark.apache.org/docs/latest/mllib-pmml-model-export.html。

对于 R notebook，PMML 可以直接在其他环境运行。使用 R 语言函数包 PMML，可以将 R 语言模型导出。

更多关于 R 语言函数包 PMML 的信息，请访问：http://journal.r-project.org/archive/2009-1/RJournal_2009-1_Guazzelli+et+al.pdf。

可以将决策模型直接部署在 Apache Spark 上，便于用户访问使用。

这里有两个部署结果经常使用的方法：（1）仪表盘和（2）基于规则的决策。我们根据结果提供的对象来选择合适的方法。

这里，我们简单介绍了这两个方法。详细的决策部署需要优化，这不是本章的主要内容。在后续的章节中，我们会花一些时间介绍部署，让读者了解更多。

3.7.1　仪表盘

对于实时分析仪表盘，很多用户将 Spark 流处理和其他工具一起使用。

我们的工作是采用一个简单的仪表盘方法通过图形和表格将分析结果呈现给用户。所有仪表盘的交换性均与一个或多个特征的绘制相关。特征更新时，每个绘制算法会再次自动执行并重新绘制图形。

对于 R notebook，我们可以使用 R 语言程序包 shiny 和 shinydashboard 来快速建立仪表盘。

更多关于使用 shinydashboard 程序包的方法，请访问：https://rstudio.github.io/shinydashboard/。

新版的 Databricks 也提供了仪表盘的构建工具。只需前往" Workspace -> Create -> Dashboard"启用它即可。

Databricks 的仪表盘功能强大，效果直观。建立后，用户只需要点击一下按钮，就可以给公司员工或其他用户发布一个仪表盘。

3.7.2 规则

有很多工具可以将所有模型结果转变为规则。特别是 R 语言的计算结果，有几个工具可以用来将预测模型的结果提取为规则。

我们使用 R 语言程序包 rpart.utils 以不同的格式提取和导出决策树模型的规则，导出格式包括 RODBC。

更多关于 R 语言程序包 rpart.utils 的信息，请访问：https://cran.r-project.org/web/packages/rpart.utils/rpart.utils.pdf。

关于 MLlib 提取规则的讨论，请访问：http://stackoverflow.com/questions/31782288/how-to-extract-rules-from-decision-tree-spark-mllib。

3.8 小结

本章，我们一步一步实现了从数据到商业的整体视图，通过这个过程我们在 Spark 上处理了大量的数据，并且为 IFS 公司建立了一个生成销售团队成功的整体视图的模型。

具体来讲，首先我们在准备好 Spark 计算环境和载入预处理数据之后，为每个商业需求选择了模型。第二，我们准备并约减了特征。第三，估计模型系数。第四，评估了估计模型。接着，我们解释了分析结果。最后，部署了估计得到的模型。

这一处理过程与小数据集处理过程十分相似。然而，要处理大数据，我们需要并行计算，因此，我们使用了 Spark。在前面描述的处理过程中，Spark 使用简单、处理迅速。

学习完本章，读者全面了解了 Spark 在获得整体视图的过程中如何使我们的工作更容易和快捷。与此同时，读者应该熟悉了处理大量数据的 RM4E 建模和开发预测性模型的过程，尤其有能力生成自己的商业整体视图。

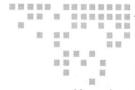

第 4 章　Chapter 4

基于 Spark 的欺诈检测

在第 1 章中，我们讨论了如何准备 Apache Spark 平台。在第 2 章中，我们列出了数据准备的详细说明。现在，从第 4 章～第 6 章，我们将展开一个新篇章，利用基于 Apache Spark 的平台，将一些特定项目的数据转换成为洞见：本章是欺诈检测；第 5 章是风险建模；第 6 章是流失预测。

具体来说，在本章中，我们会讨论一个欺诈检测项目的机器学习方法和分析流程，并讨论 Apache Spark 如何使得工作方便、快捷。与此同时，通过一个实际生活中的欺诈检测的例子，我们将详细阐述从大数据中获得诈骗检测洞见过程的分解步骤。

❑ Spark 欺诈检测

❑ 欺诈检测方法

❑ 特征准备

❑ 模型估计

❑ 模型评估

❑ 结果解释

❑ 部署欺诈检测

4.1　Spark 欺诈检测

在本节，我们将从一个真实的欺诈检测商业案例开始，进一步说明机器学习过程的分解步骤，然后描述如何为这一欺诈检测项目准备好 Spark 平台。

4.1.1　例子

ABC 公司是一个价值数十亿美元的公司，它处理诸多行业（包括房地产和度假旅游）中成千上万个客户的付款行为。这家公司遭遇了许多欺诈行为，损失惨重。大部分的欺诈行为发生在线上交易。

为了防止欺诈行为的发生，该公司收集了大量与支付相关的客户交易数据，以及每个用户的历史在线活动数据。此外，该公司从第三方购买了其客户所使用的计算机设备和银行账户的大量数据。

对于这个项目，我们的分析单元可以是一个单独的公司或个人（ABC 公司的客户）。我们的分析单元也可以是一笔支付交易。在实践中，我们对这两种情况均进行了建模。然而，在这个例子中，我们将侧重分析和处理。所以，就数据和特征而言，我们有每一笔线上交易的网络日志数据、所有者 / 用户的数据，以及所使用的计算机设备数据和银行账户数据。

实际上，ABC 公司希望能够快速地为每笔交易按其欺诈的可能性打分，并希望立即停止那些非常可疑的交易。此外，该公司希望在核准客户前就辨识出可疑的客户。换句话说，就是该公司不仅需要在实时交易阶段，也需要在承销阶段使用欺诈检测系统进行监控。对于这个练习，我们将侧重于使用可疑性分数或欺诈可能性分数为交易打分，并使用这个分数来监控所有交易，以便 ABC 公司可以采取行动阻止潜在的欺诈行为。

综上所述，我们有本项目中每笔交易的欺诈目标变量、网络日志数据，再加上银行账户、计算设备，以及用户数据。

通过初步分析，公司了解到一些数据上的挑战，具体如下：

❏ 数据没有准备好；尤其需要提炼网络日志数据特征，为建模做好准备。
❏ 每笔付款交易服务中都有多种诈骗情况，且具有非常不同的行为模式。

❑ 对于新用户或不活跃用户，数据信息较少。

4.1.2　分布式计算

与上一章类似，由于我们的项目中存在多种欺诈，需要用到并行计算，因此需要像上一章一样建立集群和工作程序的 notebook。

假设我们继续在 Databricks 环境中工作：

接下来，我们需要前往主菜单，单击"Clusters"，然后为集群创建一个名称，选择 Spark 平台的最新版本，然后指定工作程序的数量。

创建好群集之后，如第 2 章所描述的，我们就可以前往主菜单，点击"Tables"右侧的向下箭头，并选择"Create Tables"导入我们所有完成清洗和准备好的数据集。

在这个项目中，我们需要调用大量的网络日志数据、关于单个用户或公司的结构化数据、所使用的计算机设备数据，以及所使用的银行账户数据。

如前所述，在 Apache Spark 中，我们需要指导工作程序来完成每一个 notebook 的计算，为此我们将使用 Databricks 的调度程序来完成 R notebook 计算，然后收集计算结果。

在这里，我们将继续采取 R notebook 的方法。

在 Databricks 环境中，我们需要进入下面的菜单设置 notebook：

在前面的主菜单中，单击"Workspace"右侧的向下箭头，并选择"Create ->New Notebook"来创建一个 notebook。

如果用户不希望使用 Databricks 提供的 R notebook，另一种选择就是使用 Zeppelin。想要在 Spark 平台上免费创建一个使用 Zeppelin 的 notebook，请访问：http://hortonworks.com/blog/introduction-to-data-science-with-apache-spark/。

4.2 欺诈检测方法

在上一节中，我们描述了商业案例，并准备好了 Spark 计算平台及数据集。在本节，我们需要选择针对这些欺诈监测项目的分析模型或者预测模型（方程），即完成商业案例到机器学习方法的映射工作。

对于欺诈检测，有监督的机器学习和无监督的机器学习都常常会用到。但是，本项目我们会执行有监督的机器学习，因为我们拥有良好的欺诈目标变量数据，也因为本项目的目标是在继续商业交易的同时减少欺诈行为。

建模和预测欺诈有许多适用的模型，包括逻辑回归模型和决策树模型。从中选择一种，有时可能是极其困难的事情，因为这依赖于所使用的数据。一种解决方案是先运行一遍所有的模型，然后使用模型评价指标选择最好的模型。但是许多情况下，在应用评价方法后，可能并没有一个是最好的模型，而是有许多最好的模型。在这种情况下，我们将结合所有的模型来改善模型性能。

按照前面提到的战略，我们需要开发一些神经网络、逻辑回归、SVM 和决策树的模型。然而，对于这项实例，我们将主要的精力集中于随机森林和决策树模型，以演示 Apache Spark 平台上的机器学习过程，并且通过满足这个例子的特殊需求来展示模型的可用性。

与往常一样，我们决定了分析方法或模型之后，就需要准备相关的因变量，并为编程做好准备。

4.2.1 随机森林

随机森林（Random forest）是一种颇为流行的机器学习方法，因为它的解释很直观，而且通常能够产出良好的结果。随机森林的许多算法是在 R 语言、Java 语言，或其他语言中开发实现的，所以准备工作相对比较容易。

❏ **随机森林**：随机森林是一种适用于分类和回归的集成学习方法，这种方法在训练阶段建立数百个甚至更多的决策树，然后结合它们的输出做出最终的预测。

❏ **因变量准备**：想要使用随机森林，我们需要将变量调整为 0 和 1，在这里，我们将欺诈定为 1，非欺诈定为 0。

❏ **编码准备**：在 MLlib 中，我们可以使用以下代码为随机森林做准备：

```
// To train a RandomForest model.
val treeStrategy = Strategy.defaultStrategy("Classification")
val numTrees = 300
val featureSubsetStrategy = "auto" // Let the algorithm choose.
val model = RandomForest.trainClassifier(trainingData,
  treeStrategy, numTrees, featureSubsetStrategy, seed = 12345)
```

更多关于使用 MLlib 建立随机森林的例子，请访问：https://databricks.com/blog/2015/01/21/random-forests-and-boosting-in-mllib.html。

在 R 语言中，我们需要使用 R 语言随机森林程序包。

更多关于在 Spark 平台上运行随机森林的例子，请访问：https://sparksummit.org/2014/wp-content/uploads/2014/07/Sequoia-Forest-Random-Forest-of-Humongous-Trees-Sung-Chung.pdf。

4.2.2 决策树

随机森林由一组拥有良好功能的决策树组成，用于生成分数并且按照自变量对目标变量的影响进行排列。

数以百计的树的平均结果可以覆盖细节，决策树解释可以很直观、很有价值，具体如下：

- **决策树介绍**：决策树旨在模拟分类情况，在我们的例子中，就是将交易逐一分类为欺诈或非欺诈。
- **因变量准备**：我们的目标变量是否已经被编码为欺诈，即是否为机器学习做好了准备。
- **编码准备**：在 MLlib 中，我们可以使用下面的代码：

```
val numClasses = 2
val categoricalFeaturesInfo = Map[Int, Int]()
val impurity = "gini"
val maxDepth = 6
val maxBins = 32
val model = DecisionTree.trainClassifier(trainingData, numClasses,
categoricalFeaturesInfo,
  impurity, maxDepth, maxBins)
```

对于 Spark 平台上的 R notebook，我们将继续对所有的运算使用 rpart 程序包以及 rpart 函数。对于 rpart，我们需要指定分类器以及用到的全部功能。

4.3 特征提取

在 2.6 节中，我们回顾了特征提取的一些方法，并讨论了其在 Apache Spark 平台上的实现方法。我们在第 2 章讨论的所有技术也可以应用于本节的数据中，特别是那些可以利用时间序列和特征对比来创建新特征的技术。

特征提取是这个项目最重要的任务之一，因为所有的欺诈行为发生在网上，并且网络日志是用来预测欺诈行为最重要和最新的数据，这些数据需要完成提取以便为建模准备好特征。

此外，由于我们有交易、用户、银行账户和计算机设备的特征数据，因此将所有这些特征融合在一起来需要完成大量的工作，以形成机器学习的一个完整的数据文件。

4.3.1　从日志文件提取特征

日志文件通常是非结构化的，类似于一串随机的符号和数字。日志文件的例子如下所示：

```
May 23 12:19:11 elcap siu: 'siu root' succeeded for tjones on /dev/
ttyp0 www.abccorp.com/pay w
```

解析它们，使它们具有意义，需要做大量的工作并有一些专业知识。大多数人会手工处理一些样本数据，然后使用发现的模式在 R 语言或者其他语言中编程解析和提取信息，最终形成特征。

对于这个项目，我们的策略不是解析所有日志文件以形成尽可能多的特征，而是仅仅提取对我们的机器学习有用的一些特征。

在这个项目中通过 SparkSQL 和 R 语言编程，我们可以从日志文件中提取一些很好的特征。这些特征包括点击数、两次点击间的时间间隔、点击的类型等。

类别	特征数
网络日志	3
账户	4
计算机设备	3
用户	5
业务	3
合计	18

完成特征提取之后，我们对日志文件特征，以及其他数据集中提取的特征实现一些特征筛选工作，这将会形成一系列的特征集合，如右表所示。

4.3.2　数据合并

正如 4.1 节所讨论的，我们有 5 个数据集，分别是网络日志、账户、计算机设备、用户和业务。换句话说，每笔交易总有一个用户使用一台计算机设备为一项商务活动支付一笔交易到一个账户。

在上一节中，我们从网络日志中提取特征，然后为每个数据集选择特征。

现在，我们需要将所有的数据合并到一起，形成各项特征与目标变量组织在一起的表，然后就可以以它们为基础建立预测模型。

想要将它们合并在一起，我们可以按照 2.5 节所讨论的内容进行合并，使用 SparkSQL 或者 R 程序包 data.table。

完成数据合并后，我们可以通过对比不同数据集的特征来创建一些新的特征。例如，我们可以对比地址和计算机设备的语言，以形成新的特征。所以，对于这种情况，我们增加了 3 个特征，共形成 21 个特征。然后，我们可以执行一些特征约减和筛选，以探索特征空间。

完成前面的工作后，我们将数据拆分成训练集和测试集。

4.4 模型估计

完成了上一节讨论的特征集之后，接下来就是估计选定模型的参数，我们可以使用 MLlib 或 R 语言。和之前一样，我们需要安排分布式计算。

为简单起见，我们可以利用 Databricks 的 Job 特性。具体来说，在 Databricks 环境中，可以前往"Jobs"创建一个任务。

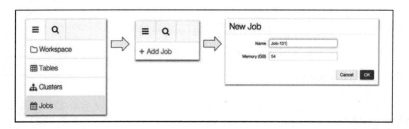

然后，用户可以选择 R notebook 来运行特定的集群，接着调度任务。被调度后，用户还可以监视运行，然后收集结果。

在 4.2 节中，我们为选择的 3 种模型都准备了一些代码。现在，需要用最后一组特征对其进行修正，以便于创建 notebook。

至此，我们已经准备好了 1 个目标变量和 18 个特征。因此，我们需要将所有的变量和特征插入到 4.2 节开发的代码中，以完成 notebook。然后，我们将使用 Spark 的分布式计算来实现 notebook。

4.4.1　MLlib 实现

除了前面提到的使用 R notebook 方法，还可以使用 MLlib，这是 Apache Spark 内置的一个机器学习算法库。借助 MLlib，我们可以使用下面的代码实现随机森林：

```
// Train a RandomForest model.
val treeStrategy = Strategy.defaultStrategy("Classification")
val numTrees = 300
val featureSubsetStrategy = "auto" // Let the algorithm choose.
val model = RandomForest.trainClassifier(trainingData,
  treeStrategy, numTrees, featureSubsetStrategy, seed = 12345)
```

对于决策树，我们使用如下代码：

```
val model = DecisionTree.trainClassifier(trainingData, numClasses,
categoricalFeaturesInfo,
  impurity, maxDepth, maxBins)
```

4.4.2　R notebook 实现

现在，这里主要的任务是制定每项工作的估计流程，然后使用前面在 Databricks 环境中提到的 JOB 特性收集结果：

❏ **随机森林**：在 R notebook 中实现随机森林模型，需要使用如下代码：

```
library(randomForest)
randomForest((fraud~ ., data=NULL, ..., subset, na.action=na.fail))
```

❏ **决策树**：在 R notebook 中估计决策树模型，需要使用如下代码：

```
f.est1 <- rpart(fraud~ r1 + … + r21, method="class")
```

我们通过欺诈类型和客户群获得所有的模型估计之后，还需要计算一些平均值和其他的统计数据。然而，为简单起见，我们在接下来的几节中将只集中讨论一个方面。

4.5　模型评价

在上一节中，我们完成了模型估计。现在，是时候去评价这些估计的模型了，以检验它们是否适合顾客的标准，然后我们就可以进行结果解释，或者回到之前的阶段以完善我们的预测模型。

在本节中，想要实现模型评价，我们将关注如何利用混淆矩阵和误报数量评价模型的适用性。我们需要使用测试数据，而非训练数据计算它们。

4.5.1 快速评价

如前所述，MLlib 和 R 语言都有算法能够返回混淆矩阵甚至误报数。

MLlib 中有 confusionMatrix 和 numFalseNegatives() 这两个函数可以使用。

如下的代码可以计算预测错误率：

```
// Evaluate model on test instances and compute test error
val testErr = testData.map { point =>
  val prediction = model.predict(point.features)
  if (point.label == prediction) 1.0 else 0.0
}.mean()
println("Test Error = " + testErr)
println("Learned Random Forest:n" + model.toDebugString)
```

可以使用 R 语言程序包 ROCR 可视化分类器的性能。更多关于如何使用 ROCR 的信息，可以访问 https://rocr.bioinf.mpi-sb.mpg.de/。

4.5.2 混淆矩阵和误报率

在 MLlib 中，可以使用下面的代码生成一个混淆矩阵和相关的误报率：

```
// compute confusion matrix
val metrics = new MulticlassMetrics(predictionsAndLabels)
println(metrics.confusionMatrix)
```

在 R 语言中，可以使用下面的代码生成一个混淆矩阵和相关的误报率：

```
model$confusion
```

对于欺诈类型的社交工程项目，可以得到以下的混淆矩阵，它反映出模型性能良好：

欺诈类型	预测为欺诈	预测为非欺诈
实际是欺诈	81%	19%
实际是非欺诈	12%	88%

对于这个项目，上面的表格是最重要的评价因素，公司希望增加左上角一格的比例，就是说希望尽可能地抓住欺诈行为。然而，他们仍然要减少左下角一格的比例，就是尽可能减少误报率。

正如前面所讨论的，左上角一格的比例少意味着许多欺诈行为不能被捕捉到，这可能会引起较大的损失。

较高的误报率则会导致公司的人力浪费，并且会给顾客带来不便，这可能会降低顾客的满意度，甚至会导致顾客流失。

4.6 结果解释

在通过了模型评价阶段，并选定经过估计和评价的模型作为我们最终的模型后，下一个任务就是向公司高管和技术人员说明结果。

这里，我们将主要关注影响力较大的变量的结果解释。

影响大的因素及其作用

正如前面简要讨论的，每个数据集的质量和新鲜度都非常不一样。每个数据都有它自己的弱点，总结如下：

分　类	弱　点
网络日志	数据不完全
账户	数据老旧
计算机设备	数据不完全
用户	数据老旧
业务	数据不完全且老旧

鉴于上述问题，我们时常没有足够的数据为每笔交易打分或者实现较高准确性的打分，我们只能稍后为其打分。因此，公司希望能够鉴别出一些可用于简单、快速行动的

特殊标志或洞见。

下面的文字简要总结了一些结果示例，我们可以使用 randomForest 中的函数和决策树获得。

使用 R 语言中的 randomForest 程序包，一个简单的 estimatedModel$importance 代码将会反馈一个变量排名，排名依据是变量对于欺诈检测影响的大小。

影响评价的表格如右表所示。

这里，通过 randomForest 函数获取变量的重要性，需要一个完整的模型估计使所有的数据完整。因此，它不能够真正解决我们的问题。

特征	影响力
点击速度	1
账户	2
计算机设备	3

顾客真正需要的是去实际使用一部分可用特征的集合，以便使用有限的变量估计一个模型，然后评估这个模型的优良程度，它可以告诉我们欺诈捕捉结果和误报率。为了完成这个任务，就需要利用 Apache Spark 的快速计算的优势，它能够帮助我们获得结果。

4.7 部署欺诈检测

如前所述，MLlib 支持模型输出到**预测模型标记语言**（PMML）。R notebook 也可以在其他环境运行，使用 R 语言程序包 PMML，可以成功地输出 R 语言模型。另外，它也可以直接部署在 Apache Spark 平台上产生决策模型，使用户的结果简单易得。因此，我们在这个项目中会导出一些开发好的模型到 PMML 中。

然而，在实际中，这个项目的用户将会对基于规则的决策制定过程更感兴趣，以使用我们的一些洞见，另外，也会对基于评分的决策制定过程感兴趣，以防止欺诈。

在这里，我们会简要讨论每种决策制定，因为一个完整的决策制定的部署需要一个最优化过程，而本章并不涵盖这个过程。

将估计模型转变成规则和分数并不是很具有挑战性，而且可以在非 Spark 平台下完成。但是，Apache Spark 可以使任务更加简便和快捷。Apache Spark 的优势是允许我们在数据和客户需求变更的情况下，快速得出新的规则和分数。

4.7.1　规则

如前所述，R 语言环境下，有几个工具可以帮助我们从开发的预测模型中提取规则。

对于我们开发的决策树模型，应该使用 R 语言程序包 rpart.utils，它可以以多种不同的格式提取和输出规则，如 RODBC。

rpart.rules.table (model1) * 程序包返回一个逆透视表表格，其中变量值（因子水准）与每个分支关联。

由于这个项目数据不完整性问题，我们需要利用一些洞见，以便于直接导出规则。也就是说，我们需要使用在上一节中讨论的洞见。例如，我们可以采取以下措施：

❑ 如果在线点击速度与过往记录显著不同，电话联系用户。
❑ 如果银行账户不是真实的账户，或者信用卡或银行账户非常新，那么就需要采取一些行动。

从分析角度来看，我们在这里面对的是同样的问题，即在捕捉足够的欺诈的同时最小化误报率。

公司采用以往的规则时，拥有一个较高的误报率，这样的结果就是：由于发出了太多的警报，导致人工检验增加了不少负担，并且引发许多顾客抱怨。

因此，通过发挥 Spark 平台快速计算的优势，我们可以谨慎地导出规则，并且对于每一个规则，我们提供了误报率，以帮助公司更好地利用规则。

4.7.2　评分

通过预测模型的参数，可以导出一个欺诈可疑性分数。但是，这需要花费一些工作。

在 R 语言中，model$predicted 会返回案例类型，如欺诈或非欺诈。而使用 prob=predict(model,x,type="prob") 语句会得出一个可能性数值，它可以直接被当作分数使用。

然而，要使用分数，我们需要选择一个阈值。例如，我们可以在可疑性分数超过 80 的时候采取行动。

不同的阈值分数将会产生不同的误报率以及欺诈捕捉比例，因此，用户需要决定如何平衡不同的结果。

通过发挥 Spark 平台快速计算的优势，可以快速地计算出结果，这就允许公司能够迅速地选择阈值，并可以在任何需要的时候做出变更。

另一种处理这类问题的方法是使用 R 语言程序包 OptimalCutpoints。

4.8 小结

在本章，我们一步一步地细致讨论了一个机器学习过程，从大数据到欺诈检测系统的快速部署，我们在 Spark 平台上完成了数据处理，然后建立了几个模型来预测欺诈。接着通过预测模型导出了规则和分数，以帮助 ABC 公司防止欺诈行为。

特别需要说明的是，我们在准备好 Spark 计算并加载预处理数据后，按照案例的商业需求，首先选择了一个有监督的机器学习实现方法，重点关注了随机森林和决策树。第二步，我们完成了特征提取和选择。第三步，估计模型参数。第四步，使用一个混淆矩阵和误报率评估这些估计模型。然后，解释机器学习的结果。最后，部署机器学习结果，重点关注评分以及使用洞见帮助开发规则。

上述过程与处理小数据的过程类似。但是，在处理大数据的过程中，我们需要使用 Apache Spark 平台进行并行计算。另外，在上述的处理过程中，Apache Spark 使工作变得更加简便、快捷，使我们能够解决一些复杂的问题，如数据不完整性。这意味着我们可以利用 Apache Spark 平台的快速计算优势满足 ABC 公司的特定分析需求。

本章之后，读者将会全面理解如何利用 Apache Spark 平台完成有监督的机器学习，部署欺诈检测系统，并使工作变得更加简便、快捷。此外，读者现在应该可以理解为何快速计算是解决分析类问题的一种重要能力了。

第 5 章 Chapter 5

基于 Spark 的风险评分

本章，我们将深入探讨使用 Apache Spark 开展机器学习的一些技术。本章的重点是 Spark notebook 技术，第 6 章将聚焦于机器学习库，包括 MLlib；第 7 章将重点放在运用 Spark 进行 SPSS 分析上。

具体来说，在本章，我们将通过一个风险评分项目回顾机器学习方法和分析过程，并在一个特殊的环境 Data Scientist Workbench 中，使用 Apache Spark 上的 R notebook 实现它。我们还将讨论 Apache Spark notebook 是如何让所有工作井井有条和简化的。本章将涵盖以下主题：

❑ Spark 用于风险评分

❑ 风险评分方法

❑ 数据和特征准备

❑ 模型估计

❑ 模型评价

❑ 结果解释

❑ 风险评分部署

5.1 Spark 用于风险评分

在本节，我们将从一个真实的商业案例开始，然后描述如何为这个实际的风险评分项目准备 Apache Spark 环境以及使用 R notebook 技术。

5.1.1 例子

XST 公司为数百万需要现金的个体提供贷款和其他资金援助，以维持他们的商业业务或打理一些紧急的个人需求。这家公司在线接受申请，然后对大多数的申请做出快速决策。基于这个目的，他们使用了在线申请的数据、公司自身数据仓库收集的历史数据，以及第三方提供的附加数据。

他们的线上申请书提供了申请人的身份资料和一些财务数据。该公司收集的数据由位置、经济和其他信息组成。第三方数据包含历史信用、就业现状和其他方面大量丰富的信息。

这家公司处于一个快速变化且竞争激烈的行业。为此，他们一直持续不断地在寻找更好的风险评分模型，以使自身能够超越竞争对手。具体来说，模型应该比他们的竞争者更准确地预测违约，也应该能够很容易地部署模型从而使该公司可以以较低的风险批准更多申请人。

公司采用包括两千多个特征（变量）的三组数据用于他们的机器学习。这样的话，特征选择和数据准备成为一项艰巨的任务，因为数据中含有很多缺失值，数据质量也并没有达到预期。

该公司评估他们模型的思路清晰，不仅满足采用低风险以批准更多申请人的公司目标，同时也遵循行业标准。同样，如何部署模型也是思路清晰的。但是，所有这些任务需要在最短时间完成，或者尽可能实现自动化，从而实现他们的快速决策和不断优化改进模型的需求。出于这个原因，notebook 方法是个理想选择，因为 notebook 技术采用快速修改选项以便于复制和迭代计算。同时，由于新的数据频繁加入，模型需要经常被精化以适应新数据。

至于该项目的机器学习部分，我们有一个贷款违约的目标变量，在线申请的申请人数据，以及前面提到的三个数据源中包含的信用数据、消费者数据、公共记录数据和社交媒体数据。

5.1.2　Apache Spark notebook

正如前面提到的，对于这个项目，我们需要使机器学习可复用，并尽可能实现自动化。为此，我们将使用 notebook 来组织所有的代码，然后让它们在 Apache Spark 上实现。notebook 便于实现复用，也为未来的自动化奠定了良好的基础。

大多数 R 语言用户都熟悉 Markdown 程序包，该包易于创建 R notebook，从而易于创建动态文档、分析、演示文稿和来源于 R 语言的报告。

> 不熟悉 Markdown 的读者可以访问下面的网页链接以快速了解，同时也可查阅 R notebook 的例子：http://rmarkdown.rstudio.com/ 和 http://ramnathv.github.io/rNotebook/。

在 Apache Spark 中准备 notebook，一种选择是使用 Zeppelin，这是一个已得到广泛应用的开源产品。以下两个链接很清楚地说明了如何通过使用 Zeppelin 建立 Spark notebook：

❑ http://www.r-bloggers.com/interactive-data-science-with-r-inapache-zeppelin-notebook/

❑ http://hortonworks.com/blog/introduction-to-data-science-with-apache-spark/

但是，这将需要大量的编码和系统配置工作，并且，对 R notebook 来说，你甚至需要用到 R 解释器。

你也可以在 Jupyter notebook 上使用 R 语言，可以在下面的网站找到明确的说明：

http://blog.revolutionanalytics.com/2015/09/using-r-with-jupyternotebooks.html

使用 Jupyter Notebook 来组织 R 语言编程，已经有许多成功尝试，以下网址提供了一个例子：http://nbviewer.ipython.org/github/carljv/Will_it_Python/blob/master/MLFH/CH2/ch2.ipynb。

与 Zeppelin 一样，使用 Jupyter 也需要大量的编码和系统配置工作。如果想避免过多的编码和配置工作，你可以采用前面章节中描述的 Databricks 环境，其中 R notebook 可以在 Apache Spark 和数据集群上轻松实现。

除了 Databricks 之外，另一种选择是利用 IBM 数据科学家工作台（Data Scientist Workbench），平台网站为：https://datascientistworkbench.com/。

Data Scientist Workbench 已经安装了 Apache Spark，并且还有一个集成的数据清洗系统 OpenRefine，这使我们的数据准备工作可以更轻松，更好地被组织。

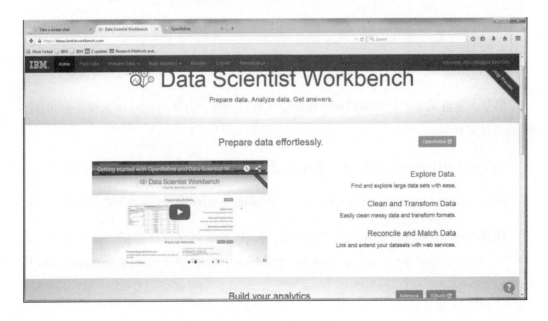

在这个项目中，我们将使用 Data Scientist Workbench 进行数据清洗、R notebook 创建和 Apache Spark 实现。对于它的设置，可应用前面章节中介绍的一些 Apache Spark 技术。

5.2　风险评分方法

本节，在描述商业实例和准备 Apache Spark 计算平台后，我们需要为机器学习项目选择项目风险评分分析方法或预测模型（方程），完成从风险建模实例到机器学习方法的映射任务。

对于贷款违约建模和预测，使用最多的方法有逻辑回归和决策树。本例中我们将同时使用这两个方法。但是，我们重点关注逻辑回归，因为一旦逻辑回归能够与决策树很好地结合开发，就可以超越大多数其他方法。

与以往一样，一旦确定好分析方法或模型之后，我们需要在 R 语言环境中准备本章的编码。

5.2.1　逻辑回归

逻辑回归通过使用 Logistic 函数估计概率，度量一个类别因变量与一个或多个自变量的关系，这将形成累积的 Logistic 分布。逻辑回归被视为**广义线性模型**（Generalized Linear Model，GLM）的一个特例，与线性回归类似。

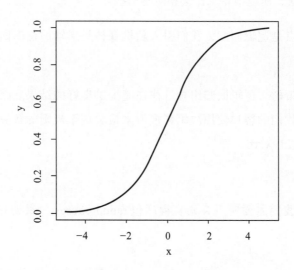

针对实际的例子，我们把重点放在逻辑回归，除了如先前提到的性能问题外，主要还有两方面的原因：

❑ 逻辑回归分析可以很容易地使用一些简单的计算来进行解释。
❑ 大多数金融企业过去已经实现了逻辑回归，这样我们的客户就很容易把我们的结果与他们以往收到的结果进行对比。

R 语言编程准备

使用 R 语言可以有多种编码方式实现逻辑回归。

在上一章中，我们用下面的代码调用 R 语言的 glm 函数：

```
Model1 <-glm(good_bad ~.,data=train,family=binomial())
```

为保持一致，我们在这里继续使用 glm 函数。

5.2.2 随机森林和决策树

随机森林是一种集成学习方法，用于分类和回归，在训练阶段生成数百或更多棵决策树，然后组合它们的输出形成最终的预测结果。

随机森林是一种相当流行的机器学习方法，由于其解释非常直观，与逻辑回归相比，它往往能带来事半功倍的良好效果。有许多算法使用 R 语言、Java 和其他编程语言开发实现了随机森林方法，所以准备工作会相对容易些。

这个项目的重点是逻辑回归，我们引入随机森林是来辅助逻辑回归进行特征选择和计算特征的重要性。

如前所述，决策树与逻辑回归组合，往往能提供良好的结果。因此，我们这里引入决策树模型，也为我们的客户使用决策树模型来检验基于规则的解决方案，并把它与基于评分的解决方案进行对比。

编程准备

在 R 语言中，我们需要使用 R 语言程序包 randomForest，最初它由 Leo Breiman 和 Adele Cutler 开发。

为了获得随机森林估计模型，我们使用下面的 R 语言代码，其中使用训练数据和 2000 棵分支树：

```
library(randomForest)
Model2 <- randomForest(default ~ ., data=train, importance=TRUE,
ntree=2000)
```

模型完成估计之后，我们可以使用函数 getTree 和 importance 获取结果。

关于决策树，R 语言中有几种编程方式：

```
Model3 <- rpart(default ~ ., data=train)
```

在 Spark 上运行随机森林有一个很好的例子，请参见：https://spark-summit. org/2014/wp-content/uploads/2014/07/Sequoia-Forest-Random-Forest-of-Humongous-Trees-Sung-Chung.pdf。

5.3　数据和特征准备

在 2.6 节，我们已经回顾了特征提取的一些方法，并讨论了它们在 Apache Spark 上的实现技术。所有这些技术都可以应用在这里的风险评分项目上。

如前面所述，这个项目主要关注的是让所有工作通过组织为工作流以实现重复化，并尽可能自动化。因此，我们将应用 OpenRefine 进行数据和特征准备。我们将使用 Data Scientist Workbench 平台环境中集成的 OpenRefine。

OpenRefine

OpenRefine，原名为 Google Refine，是一个用于数据清洗的开源应用程序。

要使用 OpenRefine，请访问：https://datascientistworkbench.com/。

登录后，你将看到如下屏幕界面：

然后，请单击屏幕右上角的"OpenRefine"按钮：

在这里，你可以从计算机或从一个 URL 地址导入数据集。

然后，可以为数据清洗和准备创建一个 OpenRefine 项目。

之后，你可以导出准备好的数据，或者通过拖放操作将数据发送到一个 notebook。

在这个项目中，我们特意使用 OpenRefine 实现一致性匹配（核对），删除重复数据，合并数据集。

5.4　模型估计

在本节，我们将介绍在 Data Scientist Workbench 平台上应用 R notebook 的方法和过程，以完成模型估计。

5.4.1　在 Data Scientist Workbench 上应用 R notebook

只要我们使用 OpenRefine 准备好数据，就可以开发一个 R notebook，并在这些数据上应用 5.2 节中的代码和 5.3 节中的特征。

如下面的屏幕截图，Data Scientist Workbench 平台允许我们创建、运行和分享一个交互的 R notebook。

Rstudio，作为 R 语言用户喜爱的开发工具，已集成到 Data Scientist Workbench 平台：

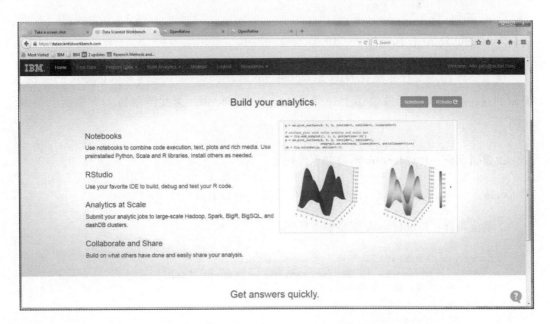

要启动一个notebook，你可以先单击"Build Analytics"，然后单击"Notebook"，或者在如下所示的屏幕截图上直接单击"Notebook"按钮：

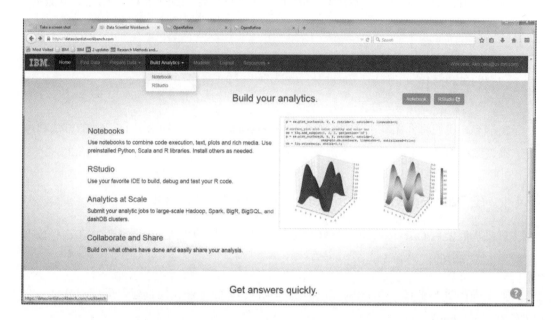

和在其他开发环境一样，一旦开发了 R notebook，即可以在"Recent Notebooks"看到，你也可以运行它来获取结果。

5.4.2 实现 R notebook

模型估计的主要任务是在 Data Scientist Workbench 环境中规划 R notebook 的实现。要做到这一点，我们需要使用上一节开始的 R notebook，为此需要插入下面所有的 R 代码：

❑ 逻辑回归：R notebook 需要如下代码：

```
Model1 <-glm(good_bad ~.,data=train,family=binomial())
```

❑ 随机森林：R notebook 需要如下代码：

```
library(randomForest)
randomForest(default~ ., data=train, na.action=na.fail,
importance=TRUE, ntree=2000)
```

❑ **决策树**：R notebook 需要如下代码估计决策树：

```
f.est1 <- rpart(default~ r1 + … + r21, data=train, method="class")
```

5.5　模型评价

在完成如上一节所述的模型估计后，我们需要评估这些估计模型，看它们是否符合客户的标准，以便我们决定是进入结果解释阶段，还是返回上一阶段以改进我们的预测模型。

为了执行模型评估，在本节中，我们将利用混淆矩阵数字来评估模型拟合的质量，然后再扩展到其他的统计分析。

与往常一样，我们需要使用测试数据而不是训练数据来进行计算。

5.5.1　混淆矩阵

在 R 语言中，我们可以用下面的代码生成模型的性能指标：

```
model$confusion
```

一旦确定了分割点，将生成具有良好结果的混淆矩阵，如下所示：

模型成绩	预测违约	预测不违约（好）
实际违约	89%	11%
实际不违约（好）	12%	88%

对于这个项目，上表是最重要的评估，该公司希望增加左上角单元格内的比值，这意味着尽可能多地不批准有风险的申请人。但是，他们也需要降低左下角单元格内的比值，要尽可能减少误报率，也就是说不拒绝任何信誉良好的客户。

然而，上述结果取决于如何选择分割点，所以它不是用于比较分数的最佳表。出于这个原因，我们需要用 ROC 和 KS（Kolmogorov-Smirnov），因为它们是汇总统计，而不是单点统计。

5.5.2　ROC 分析

受试者工作特征曲线（Receiver Operating Characteristic Curve，ROC 曲线）是一个

标准的技术，用于总结真正（TP）和误报（FP）错误率之间一定取舍范围内的分类器性能。ROC 曲线是敏感度（模型正确预测事件的能力）与 1- 特异度的散点图，用来表示可能的临界分类概率值。

这里，敏感度 $=P(y^=1|y=1)$，特异度 $=P(y^=0|y=0)$。

ROC 曲线总结了所有可能的临界点的预测能力，所以可以比混淆矩阵提供更多信息。

如下图所示，ROC 曲线下方的面积为 1 意味着完美的模型，而 ROC 曲线下方的面积为 0.5 则意味着无用的模型。

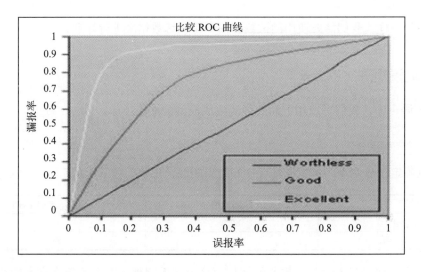

```
#load library
library(ROCR)
#score test data set
test$score<-predict(m,type='response',test)
pred<-prediction(test$score,test$good_bad)
perf <- performance(pred,"tpr","fpr")
plot(perf)
```

5.5.3 Kolmogorov-Smirnov 检验

Kolmogorov-Smirnov（KS）值是累计真正率和累计误报率之间的最大差值，业界大量用它来评估模型。

下面这行代码基于 ROCR 库构建，采用 ROCR 绘制累计不良分类率与优良分类率之间最大差值（使用 max delt 求解）：

```
max(attr(perf,'y.values')[[1]]-attr(perf,'x.values')[[1]])
```

使用本节的 R 语言代码，加上前面章节的 R 语言代码，我们就有一个估计逻辑回归模型的完整过程，并获得估计模型的 ROC 值和 KS 值。

对于各种金融服务产品和各类客户群的特征组合，我们已经获得了很多可以运行的模型，并且可以在 Apache Spark 上运用基于 Data Scientist Workbench 的 notebook 方法快速地完成任务。

对于所有估计的模型，我们的客户首先选择那些 KS 值大于 0.40 和 ROC 值大于 0.67 的模型。之后，他们将利用专业知识完成最终选择。

5.6　结果解释

和以往一样，一旦我们通过模型评估阶段选择了某个估计模型作为最终模型，接下来的任务就是为公司高管和技术人员进行结果解释。

在下一节，我们会集中在一些具有较大影响作用的变量上对结果进行解释。一旦识别出影响较大的变量，该公司就可以利用它们改善公司的营销活动以吸引那些合适的客户。

影响大的因素及其作用

对于逻辑回归结果，我们可以通过回归系数解释每个特征的影响，并通过比较这些系数确定大的影响因素。

基于同样的逻辑，我们也可以按照逻辑回归系数对特征影响计算排序。

另一种高效的方式是使用 R 语言程序包，这是由 John Fox 等人创建的，尤其适合展示线性和广义线性模型的影响。通过使用该程序包，我们可以得到一个列表和一些用 plot 函数绘制的图形展示。

为提高水平，用户可以考虑使用 R 程序包 relaimpo，专门创建用来评估预测因子的相对重要性，为此，应该使用下面的代码：

```
library(relaimpo)
calc.relimp(model1, type = c("lmg"), rela = TRUE)
```

这里，"lmg"是指代作者 Lindeman、Merenda 和 Gold 的特殊方法。

正如前面章节中使用的，通过使用 R 语言的 randomForest 程序包，一个简单的 estimatedModel$importance 代码即可按照变量在确定违约风险中的重要程度顺序返回这些变量的排名。

然而，要想通过随机森林函数获得变量的重要性，我们必须使用全部数据进行一个完整的模型估计。所以它并没有真正解决我们的问题。

在这个项目中，我们依赖逻辑回归得到的结果。

对于我们的客户，我们发现了一些非常有趣的洞见，有几个特征具有大的影响作用，其中包括在当前网址逗留的时长和社交媒体影响力。

5.7 部署

正如前面章节的案例展示的，把估计模型转换为分数不是很有挑战性，在非 Spark 平台也可以做到。然而，Apache Spark 却使得相关工作变得容易和快速。

利用本章所采用的 notebook 方法，当数据和客户的要求改变时，我们将迅速生成新的评分，从而获得全面的优势。

用户会发现这与 4.7 节中的部署工作有些相似。

评分

从预测模型的系数，我们可以推导出一个可能违约的风险评分，这需要做一些工作。但它将在客户面临需求变化时带来灵活性。

基于逻辑回归，生成分数的过程相对比较容易，它使用如下公式：

$$\ln\left(\frac{P}{1-P}\right) = a + bX$$

$$\frac{P}{1-P} = e^{a+bX}$$

$$P = \frac{e^{a+bX}}{1+e^{a+bX}}$$

具体来说，Prob (Yi=1) = exp (BXi) / (1+exp(BXi)) 生成默认概率，其中 Y =1 作为默认，X 为特征总数。在 R 语言中，exp (coef (logit_model)) 返回所需的相对风险指数。

在 R 语言中，快捷方式是使用如下的预测函数：

```
prob=predict(model,x,type="prob")
```

具体而言，该函数将生成违约的概率值，可以直接作为该项目的分数。

然而，为了使用分数，我们仍然需要选择分数的分割点。例如，只有当风险评分超过 90 时，我们才能采取行动。

不同的分割点会产生不同的误报率，以及排除不良申请人的比值，对此用户需要决定如何平衡结果。

利用 Spark 快速计算的优势，可以快速计算出结果，这使得公司可以迅速选择一个分割点，并按需改变。

与其他的应用类似，另一种处理这个问题的方式是使用 R 程序包 OptimalCutpoints。

5.8 小结

在本章中，我们已经把重点转到 Apache Spark notebook 方法，尤其是专门开发用于估算和评估模型的 R notebook，借此我们开发了风险评分以帮助 XST 公司改善其风险管理。

我们首先选择了一些机器学习方法，重点是逻辑回归方法，还有随机森林和决策树。然后，我们用一个名为 OpenRefine 的专用工具开展了数据清洗和特征开发方面的工作。接下来，我们估计了模型系数。然后，用混淆矩阵、ROC 和 KS 评估这些估计模型。接着，我们解释了机器学习的结果。最后，我们运用评分方法部署了机器学习的结果。

采用 notebook 方法，所有前面的机器学习步骤都在 R 语言中实现，利用存储在 notebook 中的 R 语言代码使得该过程可重复，并且可以部分实现自动化处理。为把一切工作安排好，并与 Apache Spark 集成，这里我们使用了 Data Scientist Workbench 平台。

学完本章，读者将会全面了解 Apache Spark notebook 方法、一些风险评分机器学习技术和 Data Scientist Workbench 平台。综上所述，读者将获得关于 R 语言、notebook、Data Scientist Workbench 和 Spark 方面的丰富知识。有关 Apache Spark 和 Data Scientist Workbench 平台的更多信息，你可以访问：http://www.db2dean.com/Previous/Spark1.html。

第 6 章　*Chapter 6*

基于 Spark 的流失预测

本章，我们主要介绍 Spark 机器学习的 MLlib 算法库，并将其应用到流失预测建模项目中。

具体来讲，我们首先学习一下机器学习方法和与流失预测项目相关的计算，然后讨论 Spark 如何使事情变得便捷、快速。同时，通过一个实际的流失预测例子，我们将一步一步地说明预测流失的大数据处理过程。本章将包括如下主题：

❏ Spark 流失预测
❏ 流失预测的方法
❏ 特征准备
❏ 模型估计
❏ 模型评估
❏ 结果解释
❏ 模型部署

6.1　Spark 流失预测

本节，我们将以一个实际的商业例子开始介绍，然后回顾一下为这个流失预测项目准备 Spark 计算环境的步骤。

6.1.1 例子

YST 公司是一家汽车销售和租赁公司，销售和租赁用户数达到百万。这家公司希望通过大数据机器学习技术提高客户黏性，他们知道今天的用户在购买或租赁汽车前会经历一个复杂的决策过程，识别出那些具有离开意愿趋势的用户，并主动采取措施留住这些客户，将变得越来越重要。

这家公司已经通过经销商、服务中心和他们经常发起的客户调查收集了大量的客户满意度方面的数据。与此同时，这家公司通过他们的网站和一些社交媒体，收集到一些用户在线行为的数据。当然，这家公司拥有每项汽车销售和租赁的交易数据，很多产品、服务的数据，以及很多过去执行的各种促销和干预措施数据。这个机器学习项目的目标是建立一个预测模型，让公司理解他们的产品特征和服务提升，以及促销措施，如何影响用户的满意度与流失程度。

总而言之，在本项目中，客户流失是我们的目标变量，丰富多样的数据，包括客户行为、产品、服务，以及公司干预措施，例如促销，作为预测因子的特征。

通过一些初步的分析，这家公司意识到数据带来的一些挑战：

❑ 数据无法使用，尤其是网络日志数据，需要提取出特征供机器学习使用。
❑ 对于不同类型的用户，有很多种不同的汽车租赁和销售选项，客户的流程模式非常不同。
❑ 数据存储在不同的数据仓库，需要将它们合并在一起。

为应对上述挑战，在实际产生较好的机器学习结果的过程中，我们使用了第 3 章中介绍的一些方法将所有数据集合并在一起，并使用在前面章节中讨论的基于分布式计算技术的特征提取方法。

在本章，我们集中精力使用机器学习库来解决问题，完成一个出色的机器学习项目。

6.1.2 Spark 计算

正如前面章节看到的，对于这个客户流失预测的机器学习项目，需要并行计算处理不同细分客户群的众多类型车辆。正因如此，我们需要安装 Spark，建立集群和工作节点。

正如在 1.1.1 节中讨论的，Spark 是由 Spark 核心引擎和 Spark SQL、Spark Streaming、MLlib 和 GraphX 这 4 个库组成。4 个库全部提供 Python、Java 和 Scala 的编程 API。

在 4 个库中，MLlib 是本章最需要的一个。除了前面提到的内置库 MLlib，还有很多第三方提供的机器学习程序包支持 Spark。IBM 公司的 SystemML 就是一个例子，与 MLlib 相比，它提供了更多的算法。SystemML 已经集成到 Spark 中。

MLlib 是 Spark 内置的机器学习库，与其他机器学习库相比，其中一个优势是不需要太多的准备工作。另外一个优势是可扩展性，包含了很多常用的机器学习算法：

❑ 执行分类和回归建模
❑ 协同过滤
❑ 执行降维
❑ 执行特征提取和转换
❑ 导出 PMML 模型

在本项目中，我们需要上述所有的算法。Spark MLlib 还处在活跃开发过程中，每个新发布的版本会增加新的算法。

下载 Spark，读者可以访问以下网址：http://spark.apache.org/downloads.html。

安装和运行 Spark 平台，读者可以访问下面的地址获取最新文档：http://spark.apache.org/docs/latest/。

6.2　流失预测的方法

在上一节，我们介绍了实际的商业例子，准备了 Spark 计算平台和数据集。本节我们需要为这个流失预测项目选择分析方法或预测模型（方程），也就是将我们的商业实例转换为机器学习的方法。

按照很多年前的研究成果，客户满意方面的专家认为产品和服务的特征影响服务质量，服务质量影响客户的满意度，最后导致客户的流失。因此，我们将这些知识结合到模型设计和方程规范中。

从分析的角度，有很多刻画和预测客户流失的模型，在这些方法中，最常使用的是逻辑回归和决策树。在这个项目中，我们将使用这两种方法，并通过评估来选择最好的方法。

和以往一样，在完成分析方法或模型选择后，将准备相关的目标变量和编码，到这一步，我们就可基于 Spark 机器学习库进行程序编码。

6.2.1 回归模型

回归是预测最常用的方法，已经被很多机器学习从业者用于客户流失建模。

❑ **回归模型的类型**：有两种主要的回归模型适用于流失预测：一个是线性回归，另一个是逻辑回归。在本项目中，因为目标标量是离散值，客户是否流失，因此逻辑回归更加适合。然而，实际项目中有很多预测因子影响满意度，进而产生流失，因此我们也会用线性回归来对客户满意度进行建模。但在本例中，作为举例，我们主要介绍逻辑回归。为进一步提高模型的性能，可以尝试使用 MLlib 中的 LassoModel 和 RidgeRegressionModel。

❑ **编码准备**：在 MLlib 中，我们使用与前面相同的线性回归代码，代码如下：

```
val numIterations = 95
val model = LinearRegressionWithSGD.train(TrainingData,
numIterations)
```

对于逻辑回归，我们也使用前面一样的代码：

```
val model = new LogisticRegressionWithSGD()
  .setNumClasses(2)
  .run(training)
```

6.2.2　决策树和随机森林

决策树和随机森林都可用于分类建模，在本例中是关于是否流失的分类，然后通过树的形式来展现结果。

❏ 决策树和随机森林简介

具体来讲，决策树建模使用基于值比较的树分叉方法识别预测特征的影响。相比逻辑回归，该方法非常易于使用，并且对数据缺失不敏感。我们这里存在大量数据不完整的情况，因此对本例来讲，缺失数据的鲁棒性是非常显著的优势。

随机森林来源于一组决策树，经常是几百棵决策树，通过随时可用的函数生成风险评分（流失概率），按照预测变量影响目标变量的程度进行排序，这对我们识别出影响最大的干预措施减少客户流失非常有帮助。

然而，几百棵树的平均结果使随机森林的细节变得模糊不清，而决策树的解释则非常直观、非常有意义。

❏ 编码准备

与前面一致，基于 MLlib，使用下面的代码：

```
val numClasses = 2
val categoricalFeaturesInfo = Map[Int, Int]()
val impurity = "gini"
val maxDepth = 6
val maxBins = 32

val model = DecisionTree.trainClassifier(trainingData, numClasses,
categoricalFeaturesInfo,
  impurity, maxDepth, maxBins)
```

我们可以将工作拓展到 MLlib 中的随机森林算法，使用下面的随机森林代码：

```
// To train a RandomForest model.
val treeStrategy = Strategy.defaultStrategy("Classification")
val numTrees = 300
val featureSubsetStrategy = "auto" // Let the algorithm choose.
val model = RandomForest.trainClassifier(trainingData,
  treeStrategy, numTrees, featureSubsetStrategy, seed = 12345)
```

更多关于决策树的编程手册，请访问：http://spark.apache.org/docs/latest/mllib-decision-tree.html，关于随机森林的编程手册，可以访问：http://spark.apache.org/docs/latest/mllib-ensembles.html。

6.3 特征准备

在 2.6 节中，我们已经讨论了几种特征提取的方法和基于 Spark 的实现。当时讨论的所有技术都可以应用到我们的数据上，尤其是使用时间序列和特征比较来创建新的特征。例如，随时间变化的客户满意回答可能被看作是一个出色的预测因子。

在本项目中，我们将执行特征提取和特征选择，这将用到第 2 章和第 3 章中讨论的全部技术。

数据合并技术也是十分必要的，但其实现与前面章节讨论的内容十分相似，非常容易实现。

6.3.1 特征提取

在前面的章节中，我们使用 Spark SQL 和 R 语言进行特征提取，在本章的实际项目中，我们试着使用 MLlib 进行特征提取。然而在现实工作中，用户可以使用各种可用的工具。

关于 MLlib 特征提取的完整手册，可以访问：http://spark.apache.org/docs/latest/mllib-feature-extraction.html。

这里，我们将使用 Word2Vec 方法从社交媒体数据中提取特征。下面的代码用于载入一个文本文件，将它们分割为 RDD 变量 Seq[String]，创建一个 Word2Vec 变量，然后使用输入数据适配 Word2VecModel 模型。最后，我们显示了例如离开、差的服务等特殊词汇的前 40 个同义词。

```
import org.apache.spark._
import org.apache.spark.rdd._
import org.apache.spark.SparkContext._
import org.apache.spark.mllib.feature.{Word2Vec, Word2VecModel}
```

```
val input = sc.textFile("text8").map(line => line.split(" ").toSeq)

val word2vec = new Word2Vec()

val model = word2vec.fit(input)

val synonyms = model.findSynonyms("china", 40)

for((synonym, cosineSimilarity) <- synonyms) {
  println(s"$synonym $cosineSimilarity")
}

// Save and load model
model.save(sc, "myModelPath")
val sameModel = Word2VecModel.load(sc, "myModelPath")
```

6.3.2 特征选择

MLlib 提供了几个可用于特征选择的函数，这些函数与前几章介绍的函数十分类似。因此，我们这里不再重复。

基于 MLlib 的特征选择在线手册，可以访问：http://spark.apache.org/docs/latest/ mllib-feature-extraction.html#feature-selection。

6.4 模型估计

按照上一节确定了特征集之后，我们接下来的工作就是使用 MLlib 进行所选模型的参数估计。正如前文所述，我们需要并行计算，尤其是用来处理因不同客户细分而不同的车型。

MLlib 是 Spark 内置的程序包，计算是一个简单明了的过程，读者可以查阅第 1 章。

我们使用 Spark 的主要原因是充分利用 Spark 的计算速度和便捷的并行计算。对于这个项目，尽管需要为 40 个产品和很多用户细分建模，这里我们仅对年龄划分进行机器学习。

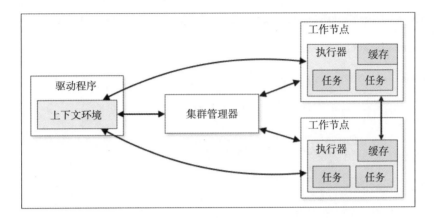

　　获取 Spark 并行计算实现的最新信息，以及应用作业提交和监控的信息，用户可以访问如下网址查询最新的、详细的手册：http://spark.apache.org/docs/latest/cluster-overview.html。

使用 MLlib 的 Spark 实现

　　我们使用下面的代码实现基于 MLlib 的随机森林算法：

```
// Train a RandomForest model.
val treeStrategy = Strategy.defaultStrategy("Classification")
val numTrees = 300
val featureSubsetStrategy = "auto" // Let the algorithm choose.
val model = RandomForest.trainClassifier(trainingData,
  treeStrategy, numTrees, featureSubsetStrategy, seed = 12345)
```

　　我们使用下面的代码实现决策树算法：

```
val categoricalFeaturesInfo = Map[Int, Int]()
val impurity = "variance"
val maxDepth = 5

val maxBins = 64 # larger = higher accuracy

val model = DecisionTree.trainClassifier(trainingData, numClasses,
categoricalFeaturesInfo,
  impurity, maxDepth, maxBins)
```

　　我们使用下面的代码实现基于 MLlib 的线性回归算法：

```
val numIterations = 90
val model = LinearRegressionWithSGD.train(TrainingData, numIterations)
```

我们使用下面的代码实现逻辑回归算法：

```
val model = new LogisticRegressionWithSGD()
  .setNumClasses(2)
```

6.5 模型评估

我们根据上一节内容完成了模型的估计之后，就到了对模型进行评估的时候了，看模型是否适合客户的标准，以此来决定我们进入到结果解释阶段或者重新回到前面的阶段改善预测模型。

从客户的角度来看，使用机器学习进行流失预测有两类常见的错误类型。

第一类错误是漏报，这类错误没能识别出高流失倾向的客户。

从商业角度来看，这是一类最不希望看到的错误，因为客户非常有可能离开，公司因不掌握信息而失去了挽留客户的机会，这将影响公司的财务收入。

第二类错误是误报，这类错误是将满意的客户分类为将要流失的客户。

从商业角度来看，这类错误似乎可以接受，因为此类错误不影响公司的财务收入。但是，此类错误会浪费公司的一些支出，因为公司会采取一些行动或折扣来挽留这些客户。

总之，为了执行模型评估，本节我们将使用前面提到的错误数作为混淆矩阵的一部分，并使用 RMSE 来评估我们的回归模型。

我们需要使用测试数据而不是训练数据计算混淆矩阵和 RMSE。

正如前面所讨论的，MLlib 包含返回 RMSE 值、混淆矩阵，甚至误报数的算法。

在 MLlib 中，我们使用下面的代码计算 RMSE：

```
val valuesAndPreds = test.map { point =>
    val prediction = new_model.predict(point.features)
    val r = (point.label, prediction)
    r
    }
```

```
val residuals = valuesAndPreds.map {case (v, p) => math.pow((v - p),
2)}
val MSE = residuals.mean();
val RMSE = math.pow(MSE, 0.5)
```

此外，除了混淆矩阵和 numFalseNegatives() 外，MLlib 的 RegressionMetrics 和 RankingMetrics 类中包含其他函数，可用于 RMSE 的计算。

下面的代码计算错误率：

```
// Evaluate model on test instances and compute test error
val testErr = testData.map { point =>
  val prediction = model.predict(point.features)
  if (point.label == prediction) 1.0 else 0.0
}.mean()
println("Test Error = " + testErr)
println("Learned Random Forest:n" + model.toDebugString)
```

下面的代码用于计算估计模型的评估矩阵。

```
// Get evaluation metrics.
val metrics = new MulticlassMetrics(predictionAndLabels)
val precision = metrics.precision
println("Precision = " + precision)
```

在这个例子中，我们在测试数据集上使用多个算法获得 RMSE 值、混淆矩阵和错误数。下面的表格是两个模型的一些示例结果。

模型 1：决策树

混淆矩阵		预测值	
离开		存留	
实际	离开（10.5%）	10%	0.5% 第一类错误
	存留（89.5%）	7% 第二类错误	82.5%

模型 2：随机森林

混淆矩阵		预测值	
Churn=1		NOT	
实际	Churn=1（10.5%）	10%	0.5% 第一类错误
	NOT（89.5%）	6% 第二类错误	83.5%

在本项目中，我们需要计算几十个模型，最好的做法是使用 numFalseNegatives() 计算错误数，我们可以便捷地对所有模型进行排序，选择最好的模型。

对于上表中的例子，我们的程序首先检查第一类错误，这两个模型表现相同。这种情况下，程序检查第二类错误，发现第二个模型好于第一个模型。

事实上，我们应使用 RMSE 来评估模型，但是在这个项目里，客户更倾向于使用错误数来评估模型。

6.6　结果解释

经过模型评估阶段，我们就应该选择评估后的模型作为最终的模型。下一个任务是向公司的执行主管和技术人员解释计算结果。

在解释机器学习结果时，公司对过去的干预措施如何影响客户流失，以及产品的特征和服务如何影响客户流失特别感兴趣。

因此，我们将研究结果的解释主要集中在计算几个干预措施的影响或者产品服务的一些特征上，这些计算 MLlib 还未提供很好的函数。因此，实际上，我们导出估计的模型，使用其他一些工具进行结果的解释和可视化。然而，我们希望 MLlib 未来的版本中尽快将这些简单的函数包含其中。

计算干预措施的影响

对于逻辑回归，生成评分过程相对简单。用下面的公式计算逻辑回归的评分：

$$\ln\left(\frac{P}{1-P}\right) = a + bX$$

$$\frac{P}{1-P} = e^{a+bX}$$

$$P = \frac{e^{a+bX}}{1+e^{a+bX}}$$

具体来讲，Prob (Yi=1) = exp (BXi) / (1+exp (BXi)) 生成违约概率，Y=1 作为默认值，

X 是所有特征的和，B 是系数向量。

因此，我们需要编写一些代码，从上一节得到的系数中直接生成影响评估值。

另一方面，我们可以使用下面的代码生成所需的影响评估值，我们可以加载新的数据，计算预测值，然后导出它们。

```
// Compute raw scores on the test set.

val predictionAndLabels = test.map { case LabeledPoint(label,
features) =>
  val prediction = model.predict(features)
  (prediction, label)
}
```

根据上节描述的模型评估工作，随机森林模型表现最好。使用随机森林算法，我们可以依据重要性列出全部特征，这将为我们解释这些特征影响客户流失提供了另外的洞察力。

6.7　部署

正如前面所讨论的，MLlib 支持模型导出到 PMML。因此，我们将本项目开发的一些模型导出到 PMML。然而，在实际使用中，本项目的用户除了对基于评分决策来阻止流失感兴趣，对利用我们洞见生成基于规则的决策更感兴趣。

本项目中，用户对分析结果应用在下面的业务场景更感兴趣：

❏ 在一个特定的客户细分中，决定对汽车产品或服务组合采取什么干预措施。
❏ 依赖于客户流失评分，确定什么时候需要开始一些干预措施。

因此，我们需要为用户生成一个客户流失风险评分，当风险评分超过临界值时，用户将采用一些干预措施。与此同时，我们需要使用逻辑回归的结果来推荐一些干预措施。

更多关于将结果从 MLlib 导出到 PMML 的信息，请访问：https://spark.apache.org/docs/1.5.2/mllib-pmml-model-export.html。

6.7.1　评分

与第 5 章使用部署的情况相似，这里我们使用流失概率作为评分，使用同样的方法获取评分：

```
// Compute raw scores on the test set.
val predictionAndLabels = test.map { case LabeledPoint(label,
features) =>
  val prediction = model.predict(features)
  (prediction, label)
}
```

6.7.2　干预措施推荐

通过上一节的结果解释，我们认识到：对于一些产品或服务，有些干预措施比其他措施更有影响。因此，我们可以基于这些做出好的推荐。作为本项目的用户，只有真正帮助他们提高客户忠诚度，才是一个满足他们需要的好的流失概率评分和措施推荐。

6.8　小结

本章，我们再次聚焦机器学习库，尤其是我们在 Spark 中处理数据时所用到的 MLlib，然后建立了预测客户流失的模型，开发了帮助 YST 公司提高客户留存度的评分方法。

具体来讲，首先我们在准备好 Spark 计算环境，载入预处理数据后，根据商业需求选择回归模型和决策树模型。其次，我们使用 MLlib 进行特征提取，使用分布式计算估计了模型参数。再次，我们使用混淆矩阵、误报率，以及 RMSE 对模型进行了评估。然后，我们解释了机器学习的结果。最后，我们部署了以评分和基于洞见的干预措施设计为主的机器学习结果。

学习完本章，读者应该对如何使用 Spark 以及机器学习库更便捷和快速地开展有监督的机器学习和开发客户存留系统有了更深入的理解。

第 7 章

基于 Spark 的产品推荐

本章，我们将关注点转移到基于 Apache Spark 平台的 SPSS 上，因为 SPSS 是广为使用的机器学习和数据科学计算工具。

在本章中，使用类似于前面几章提到的处理过程，我们将讨论基于 Apache Spark 平台，为一个产品推荐项目搭建 SPSS 分析服务，同时会完整地描述这个实际项目。然后，我们将选择机器学习方法并准备数据。通过 SPSS Analytic Server，我们可以估计基于 Spark 的模型，然后评估模型，重点关注错误率。最后，我们将会为客户部署模型。下面是本章将会覆盖的主题：

❑ 基于 Spark 的产品推荐引擎
❑ 开发产品推荐的方法
❑ 数据治理
❑ 模型估计
❑ 模型评估
❑ 部署产品推荐

7.1 基于 Apache Spark 的产品推荐引擎

在本节，我们将继续介绍一个电影推荐的实际项目，展示 Spark 的计算速度和易于编程特性，不过这次是使用基于 Apache Spark 的 SPSS 完成的。

SPSS 是广为使用的统计分析软件程序包。SPSS 的缩写起初代表的是**社会科学统计软件包**（Statistical Package for Social Science），不过现在也被市场研究员、健康研究员、调研公司、政府、教育研究员、市场营销组织、数据挖掘专业人员以及其他人员或组织使用。SPSS 软件很早之前由 SPSS 公司开发出来，该公司于 2009 年被 IBM 公司收购。在那之后，IBM 进一步开发它，并将它打造为一个受数据科学家和机器学习专家欢迎的工具。为了让 SPSS 用户能够使用 Spark，IBM 专门开发了技术，使得 SPSS 和 Spark 可以容易地集成在一起，本章会包含上述内容。

7.1.1　例子

这个项目是帮助电影租赁公司 ZHO 改进其顾客电影推荐的性能。

主要的数据集包括超过 20 000 名用户关于 10 000 多部电影的 1 亿条以上评级。

使用前面提到的丰富数据集，客户希望改进他们的产品推荐引擎，使得他们的推荐对于客户更加有用。与此同时，公司希望发挥 Spark 的优势使得他们可以快速更新模型，并且利用 Spark 的并行计算能力，通过专门的顾客细分为各种电影类型部署产品推荐。

该公司的分析团队学习了使用 Spark MLlib 解决电影推荐的使用案例，并且熟悉相关的文档，以下网址提供了相关的信息：http://ampcamp.berkeley.edu/big-data-mini-course/movierecommendation-with-mllib.html。

该公司的 IT 团队利用 SPSS 和 SPSS Modeler 开展了多年的数据分析，已经构建了很多基于 SPSS 的分析资产，并且他们的团队也已经使用 SPSS Modeler 开展了多年的数据流程组织工作。因为他们的目标是分析自动化，所以团队更加倾向于使用基于 Spark 的 SPSS 来实现。

ZHO 公司采用 SPSS 的另一个原因，是为了遵循数据挖掘的跨行业标准流程，这是一个经过产业考验的机器学习标准流程，如下图所示：

7.1.2 基于 Spark 平台的 SPSS

为在 Spark 平台上使用 SPSS，我们需要使用 IBM SPSS Modeler 17.1 和 IBM SPSS Analytics Server 2.1，它们与 Apache Spark 平台可以很好地集成在一起。

另外，想要在 SPSS Modeler 上采用 MLlib 协同过滤，你需要下载 IBM 预测扩展包，请访问：https://developer.ibm.com/predictiveanalytics/downloads/#tab2。

安装 IBM 预测扩展包，需要执行下列步骤：

1. 在 Download 页面下载扩展包。

2. 关闭 IBM SPSS Modeler。在 CDB 目录中保存 .cfe 文件，它默认存储在 Windows 的 C 盘，C:\ProgramData\IBM\SPSS\Modeler\17.1\CDB，或者存储在你的 IBM SPSS Modeler 安装目录下。

3. 重启 IBM SPSS Modeler，节点将立即显示在 Model 面板上。

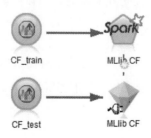

更加完整的基于 Spark 平台的 SPSS 总结，请访问：https://developer.ibm.com/predictiveanalytics/2015/11/06/spss-algorithms-optimized-for-apache-spark-spark-algorithms-extending-spss-modeler/。

　　下面是 IBM SPSS Modeler 的一个截屏，可以看到，SPSS 用户可以将节点移动到中心框，以构建模型控制流，然后运行它们以获得结果。

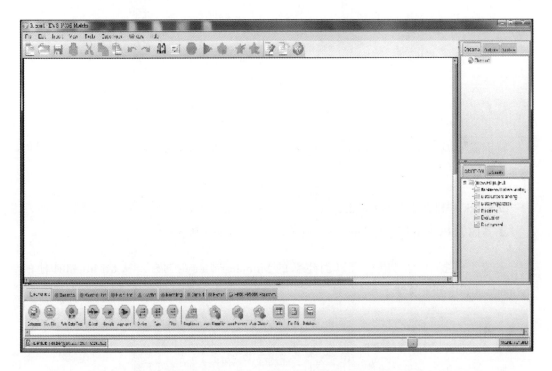

　　按照上面的描述使用 Spark 集成的 SPSS，SPSS Modeler 用户可以获得很多的优势。用户可以创建新的 Modeler 节点，开发 MLlib 算法并进行分享。

　　举个例子，用户也可以使用 custom dialog builder 为 Spark 接入 Python。下面的截屏展示了 Custom Dialog Builder 中 Python for Spark 的用法：

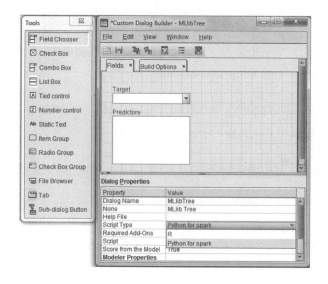

特别需要说明的是，Custom Dialog Builder 添加了 Spark 上运行 Python 的支持，它提供如下功能：

❏ Spark 和机器学习库 (MLlib)

❏ 其他的 Python 库，如 NumPy、SciPy、scikit-learn 和 pandas

完成上述操作后，用户可以创建新的 Modeler 节点（扩展），从 MLlib 和其他的 PySpark 过程中开发算法。

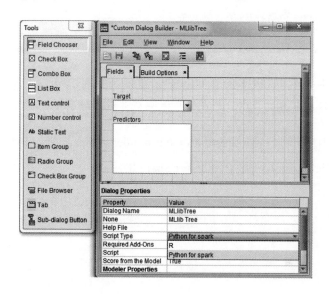

这些节点可以与其他人共享，发挥 Spark 的性能。这里，非程序员也能借助 GUI 隐去抽象代码以使用 Spark。

7.2　产品推荐方法

在上一节中，我们描述了 ZHO 公司构建电影推荐引擎的案例，以及如何准备 Spark 计算平台上的 SPSS。在本节，我们需要为这个电影推荐项目选择分析方法（方程组），这意味着我们需要将使用案例映射到机器学习方法中。

在本例中，我们将使用协同过滤，因为这种分析方法开发完善，并且已经在许多的产品推荐项目上测试过了。同时，这种方法的分析过程和相关算法也比较完善，可在 R 语言以及 MLlib 中使用。

遵循相同的方法，决定了分析方法或模型之后，我们需要开始准备编程。

7.2.1　协同过滤

协同过滤是一种常用的建立推荐系统的方法。简单地说，协同过滤是一种提供某个用户偏好预测（过滤）的分析方法，其使用许多其他用户（合作）的偏好作为基础。这种分析方法的基本假设如下：

如果用户 A 与用户 B 在一个电影上有相同的意见，那么用户 A 更可能对于不同的电影 X 上也持有与用户 B 一样的意见，而非持有其他随意选择的用户对于电影 X 相同的意见。

具体而言，这里协同过滤的技术目标是填补用户电影关联矩阵的缺失条目。目前 MLlib 支持基于模型的协同过滤，其中用户和电影建模需要使用一组可以用来预测缺失条目的潜在因素。

MLlib 采用交替最小二乘（Alternating Least Squares, ALS）算法来学习这些潜在因素。它在 MLlib 中的实现有以下参数：

- ❏ numBlocks 是用于并行计算的块的数量（设为 −1 来自动配置）
- ❏ rank 是模型中潜在因素的数量
- ❏ iterations 是运行的迭代次数

❏ lambda 是指在 ALS 中的正则化参数

❏ implicitPrefs 是指使用显式反馈的 ALS 变体，还是采用隐式反馈数据

❏ alpha 是一个适用于 ALS 的隐式反馈的变量，这个参数管理着信任偏好观察的基线

基于矩阵因式分解的协同过滤的标准处理方法，是将用户 – 产品矩阵的输入作为用户对于产品的明确偏好。然而，在许多实际使用案例中，我们通常仅有隐式反馈（例如，观看、点击、购买、喜欢、分享等）可以利用。从本质上讲，这个方法将数据作为二进制（非此即彼的）偏好和置信度的结合，而不是试图直接建立评级矩阵的模型。然后，评级将与被观察用户偏好的置信水平关联，而不是与产品的显式评级关联。

 有关协同过滤的 MLlib 详细指南，请访问：http://spark.apache.org/docs/latest/mllib-collaborative-filtering.html。

7.2.2　编程准备

在我们的数据中，每一行数据包含用户、电影和评级。这里，我们使用 ALS.train() 的默认方法，并假设评级是显性的。产品推荐效果由评级预测的均方差来衡量。请看下面的代码：

```
# Build the recommendation model using Alternating Least Squares
rank = 10
numIterations = 10
model = ALS.train(ratings, rank, numIterations)

# Evaluate the model on training data
testdata = ratings.map(lambda p: (p[0], p[1]))
predictions = model.predictAll(testdata).map(lambda r: ((r[0], r[1]),
r[2]))
ratesAndPreds = ratings.map(lambda r: ((r[0], r[1]), r[2])).
join(predictions)
MSE = ratesAndPreds.map(lambda r: (r[1][0] - r[1][1])**2).mean()
print("Mean Squared Error = " + str(MSE))
```

如果评级矩阵是从其他信息源导出的，你可以用 trainImplicit 方法获得更好的结果，如下所示：

```
# Build the recommendation model using Alternating Least Squares based
on implicit ratings
model = ALS.trainImplicit(ratings, rank, numIterations, alpha=0.01)
```

7.3　基于 SPSS 的数据治理

无论是哪种机器学习项目，通常都需要处理一些常见的数据和特征问题，包括这个电影推荐项目，我们可以使用 SPSS Modeler。

与本书中的其他项目相比，这里的数据结构相对简单。然而，这个项目数据的一个特殊问题是缺失数值，因为一些用户不会为一些电影打分。为了解决这一问题，SPSS Modeler 中有几个处理此类问题的超级节点。换句话说，我们需要开发一个特殊的 SPSS Modeler 工作流，它包含缺失数值处理的节点。在这项工作之后，我们需要将数据分组来进行训练和测试。

SPSS modeler 缺失值节点

要处理缺失值并建立一个专门的数据流，我们需要从一个包含可以处理缺失值和推算值填补的**超级节点**（Super Node）的**类型节点**（Type Node）开始。

具体来说，你可以从数据审计报告完成此项工作，它允许你为具体的领域指定适当的选项，然后生成一个使用一些方法输入数值的超级节点。这是最灵活的方法，允许你指定在一个节点中处理大量字段。

下图是 SPSS Modeler 缺失数据处理工作流的屏幕截图：

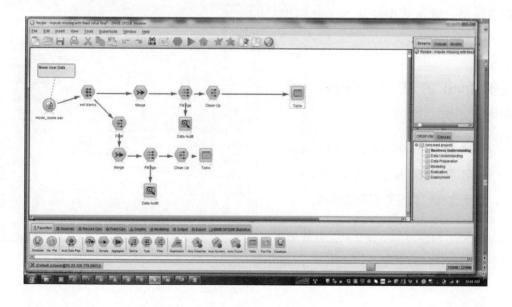

关于使用 SPSS Modeler 17.0 进行缺失数值处理的更多信息，请参见 Modeler 17.0 使用指南的第 7 章：ftp://public.dhe.ibm.com/software/analytics/spss/docume-ntation/ modeler/17.0/en/ModelerUsersGuide.pdf。

7.4　模型估计

在这个项目中，我们的模型估计策略是采用一个前文中开发出来的完整的 SPSS Modeler 流，然后使用 Spark 平台的 SPSS 分析服务器来实现。流包含了上一节中所描述的用于数据处理的 SPSS Modeler Node，还包含了 7.6 节中所描述的 MLlib 编码的模型训练 Node，我们准备好 SPSS Modeler，以使用 7.1 节中所描述的 MLlib。

如前所述，IBM SPSS Modeler 节点从 Custom Dialog Builder 中创建，依赖于 Spark 运行环境，并且只能运行在 IBM SPSS Analytic Server 上。SPSS Analytic Server 是一个管理所有模型估计计算的工具，我们需要使用 IBM SPSS Analytic Server 来实现本项目的模型估计，这让分析更加简洁。我们还需要为基于 Spark 系统的 SPSS 安排运行每一个电影类型以及每类顾客细分的模型的方式。

关 于 IBM SPSS Analytic Server 的更多信息，请参见 IBM 知识中心（IBM Knowledge Center）。

基于 Spark 的 SPSS：SPSS Analytic Server

IBM SPSS Modeler 17.1 和 Analytic Server 2.1 可以很容易地与 Apache Spark 集成，这允许我们实现数据和建模流。

SPSS Analytic Server 2.1 版本的更多信息，参考其官方文件：

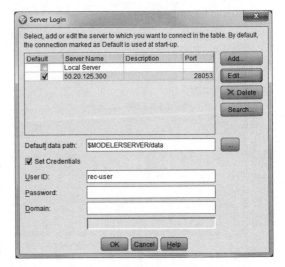

- ftp://public.dhe.ibm.com/software/analytics/spss/documentation/
  analyticserver/2.1/English/IBM_SPSS_Analytic_Server_2.1_
  Administrators_Guide.pdf
- http://www-01.ibm.com/support/knowledgecenter/SSWLVY_2.1.0/
  analytic_server/knowledge_center/product_landing.dita

7.5　模型评价

在上一节中，我们完成了模型估计。现在，是时候评价这些模型，以检验它们是否适合客户的标准。然后我们可以继续开展结果解释，或者回到前面的几个阶段来完善预测模型。

正如我们早些时候在这个项目中提到的，使用 MLlib 代码，我们的产品推荐通过检测电影评级预测的均方差来估计效果。然而，大量的用户可能会希望使用他们喜欢的测量值来执行更多的评估。

在实践中，SPSS Modeler 得出的模型估计结果可能会通过其他工具输出到模型评估，比如有些用户可能会使用 R 语言。在 SPSS Modeler 中，我们可以使用测试结果创建一个 Modeler Node，以便于评估我们的结果。

一个最常使用的评估方法是，测量我们的电影用户测试数据集的预测评级和实际评级之间的相关性。

另一个常用的误差指标使用基于内存的算法，可以通过以下步骤计算得出：

1. 对于测试数据集中的每个用户 a：

1）将 a 分为观察（I）和预测（P）。

2）测算 P 中预测评分和实际评分的平均绝对偏差。

3）预测 P 的评分并形成一个排序表。

4）按照期望效用（Ra）给排序表打分，假设：（a）表中第 k 项的效用是 max$(va,j-d,0)$，其中 d 是系统默认评级；（b）达到 k 项的可能性是以指数级下降的。

2. 对于所有的测试用户，均值为 Ra。

在 SPSS Modeler 中，一个模型建立好之后，你可以：

1. 附加一个 Table 节点来探索结果。

2. 使用 Analysis 节点创建一个一致性矩阵，以展示每一个预测领域和它的目标领域的契合模式。运行 Analysis 节点查看结果。

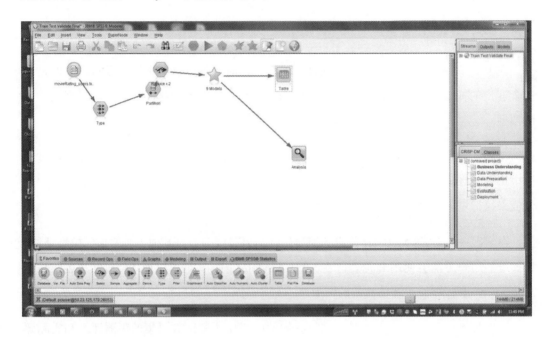

7.6　产品推荐部署

按照用户的需求，部署本项目机器学习结果的方法是：当有新电影或出现新用户的时候，为用户推荐新电影。这个项目的典型应用是为新用户做出电影推荐，这是我们本节将要讨论的内容。

想要为新用户推荐电影，我们需要让用户对一些电影进行评级，以学习该新用户的电影偏好，这就意味着我们需要选择一个小的电影集合，这个电影集合应当是在我们的电影数据集中收集了最多用户评级的那些电影。

我们拥有了新用户的数据之后，就可以为新的预测应用训练模型，可以通过如下的代码实现：

```
class MatrixFactorizationModel(object):
    def predictAll(self, usersProducts):
        # ...
        return RDD(self._java_model.predict(usersProductsJRDD._jrdd),
                   self._context, RatingDeserializer())
```

在得到所有的预测之后，我们可以列出推荐度最高的电影，然后看到一个类似如下所示的输出：

```
Movies recommended for you:

 1: Saving Private Ryan (1998)
 2: Star Wars: Episode IV - A New Hope (1977)
 3: Braveheart (1995)
    ……
```

如果使用的是 IBM SPSS Modeler，我们仅需要添加一个具有数据输入的新 Node 就可以完成预测。

另外，IBM® SPSS® Modeler 提供一些机制，以便将整个机器学习工作流导出到外部应用。因此，这里完成的工作同样可以很方便地应用于 IBM SPSS Modeler 以外的系统。

IBM SPSS Modeler 流也可以配合以下应用使用：

❑ IBM SPSS Modeler Advantage
❑ 可以导入和导出 PMML 格式的文件的应用程序

IBM SPSS Modeler 可以导入和导出 PMML，使得它可以与其他支持此类格式的应用程序共享模型，例如 IBM SPSS Statistics。如果这样做，你需要：

1. 在模型面板中右键单击模型块。（或者在 canvas 双击模型块，并选中 File 菜单。）
2. 在菜单中，单击 Export PMML。
3. 在 Export 或 Save 对话框中，指定一个目标目录和一个唯一的模型名字。

　　了解更多关于使用 SPSS Modeler 17.0 处理缺失值的问题，参考 Modeler 17.0 使用指南的第 7 章，网址为：ftp://public.dhe.ibm.com/software/analytics/spss/documentation/modeler/17.0/en/ModelerUsersGuide.pdf。

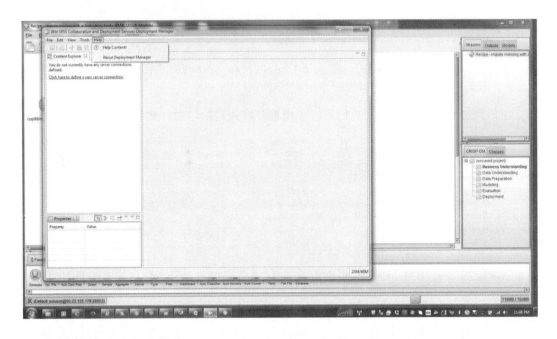

要使用这个，我们可以：

❑ 当顾客交互出现在商业用户集成系统中的时候，提供分析结果。商业用户集成系统可以将与历史信息交互过程中收集的信息结合起来，以决定下一步的最佳行动。

❑ 部署 SPSS Modeler 中创建的流，以便于在可操作环境中执行。

❑ 合并功能以确保可扩展性、可靠性和安全性。

❑ 与现有的认证系统结合，实现认证和单点登录功能。

❑ 支持应用服务器集群和虚拟化，以更有效地利用资源。

❑ 创建一个统一平台，使得你为系统使用 IBM SPSS 协同和部署服务器的分析投入影响力得到提升。这个版本将平台系统的安全性能、高可用性、可靠性与 IBM SPSS Modeler 和 IBM SPSS Analytical Decision Management 的预测分析功能相结合。

要了解使用 IBM SPSS 协同和部署服务器的更多信息，请参见：http://www-01.ibm.com/support/docview.wss?uid=swg27043649。

7.7　小结

在本章，我们将关注点转移到了基于 Spark 的 SPSS 上面，我们基于 Spark 平台处理了数据，然后构建了一个电影推荐模型。利用这个模型，我们得到了单个用户的电影推荐。

具体来说，在准备 Spark SPSS 计算并加载预处理数据之后，首先，我们在考虑商业需求的基础上，选择了协同过滤方法。第二步，我们进行 SPSS Modeler 数据预处理。第三步，我们使用 SPSS Analytic Server 执行模型估计。第四步，我们通过评价错误率来评估这些估计模型。最后，我们用一些单个用户的电影推荐示例来部署机器学习结果。

学习完本章，读者会对 Apache Spark 在执行有监督的机器学习过程中如何使工作更加简单快速有了全面理解，并且加深了对产品推荐引擎部署的理解。与此同时，读者学会了 SPSS 和 Spark 有效协同工作的方法。

Chapter 8　第 8 章

基于 Spark 的学习分析

本章继续学习 Spark 机器学习，我们将应用服务进一步扩展到教育部门，并在下一章扩展至政府部门。具体来说，本章中我们将扩展应用，致力于服务学习型组织，如大学和培训机构。为此我们将针对一个预测学生流失的真实案例，应用机器学习来改进学习分析能力。在下一章，将利用 Apache Spark 机器学习为城市政府部门服务，为此我们将使用一个预测服务请求的真实例子进行应用验证。

按照前面几章建立的结构和流程，本章我们首先回顾机器学习方法和预测学生流失案例相关的计算，然后讨论 Apache Spark 如何使计算变得很容易。同时，通过现实中学生流失预测的案例工作，我们将按照如下内容一步一步用大数据实例说明流失预测的机器学习过程：

❑ Spark 流失预测
  ● Spark 快捷方便处理大数据
❑ 流失预测方法
  ● 回归和决策树
❑ 特征准备
  ● 特征提取和数据融合
❑ 模型估计

- 分布式模型估计
- ❑ 模型评估
  - 混淆矩阵和误报率
- ❑ 结果解释
  - 重要特征和影响
- ❑ 模型部署
  - 规则和评分

8.1　Spark 流失预测

在本节，我们从一个真实的例子开始，然后描述如何为流失预测项目准备 Apache Spark 计算平台。

8.1.1　例子

NIY 大学是一所私立大学，希望使用大数据预测模型来提高学生的留存程度。据 ACT 的研究（参见 http://www.act.org/research/policymakers/pdf/retain_2015.pdf），2015 年全美大学的平均留存率仅仅约为 68%，而两年制的公立大学甚至更低，为 54.7%，两年制的私立学院为 63.4%。也就是说，约 32% 学生在毕业前离开学校，两年制公立学院流失率更大，达到 45.3%，两年制的私立学院流失率为 36.6%。由于学生流失导致大学和学生代价颇大，利用大数据预测学生流失和设计流失干预措施有着巨大的价值。

这所大学有很多关于学生人口统计资料和学生测验历史成绩。与此同时，学校也收集学生在大学网站上的在线行为数据、一些校园社交活动的数据，以及社交媒体数据。特别是大学收集了学习管理系统上大量的数据，因为它使用了 MOODLE 作为主要的学习平台。这个项目的目标是为大学建立一个模型来识别出有风险的学生，了解一些学校干预措施如何影响学生的学术评价，以及对学生留存的作用。

综上所述，在这个项目中，我们拥有通过考试成绩衡量学生表现的目标变量，还有学生流失的分类变量，其应用了大量的人口统计、行为、成绩和干预数据。

经过一些初步分析，该大学了解到面临如下一些数据挑战：

❑ 数据尚未准备就绪，尤其是网络日志数据，并且一些学习管理系统的数据需要被
开发成便于机器学习的有用特征。

❑ 学生的背景、专业和职业目标各不相同，为此流失模式也是彼此差异巨大。

为解决这里提及的挑战，在这个实例项目中，我们会利用一些特征开发技术，加上
前面章节中讨论的分布式计算技术，为此我们特意将工作重点集中在运用 notebook 方法
组织计算，然后在一个集成的分布式计算环境中实现它们。

8.1.2　Spark 计算

在学完之前 7 章中的 Spark 计算后，现在你一定对 Spark 计算项目建设很熟悉，其
中有几个选项，包括 Databricks 平台、IBM Data Scientist Workbench、基于 Spark 的
SPSS 和只有 MLlib 的 Spark。

前面提到的任一种方法应该都能很好地应用在学习分析项目上。因此，以下我们将
使用其中一种方法，将更集中于运用 Zeppelin notebook 技术，因为 Zeppelin notebook
方法仅仅在第 5 章被简单地讨论了一下。Zeppelin notebook 获得了广泛使用，它类似于
IBM Data Scientist Workbench 使用的 Jupyter notebook。Zeppelin 和 Jupyter 这两种方法
都有类似的编码风格、内嵌图像，但运行不同的编程语言。

Jupyter notebook 在性能和实用性方面比较成熟，但它的 Scala 语言版相对较弱。使
用 Zeppelin notebook 更容易融合同类 notebook 语言。你可以做一些 SQL 和 Scala 工作，
然后一起记录为文档。你也可以轻松地将 notebook 转变成一种展示风格，呈现给管理层
或在仪表盘中使用。

另外，对于实际的使用，你可以采用本章所开发的代码，把它们放在不同 notebook
中，然后用任意其他方法实现 notebook，正如上一段所述，这样你就不会局限于使用
Spark Zeppelin 方法。

数据上传

关于 Zeppelin notebook 安装的更多信息，请访问：http://sparktutorials.net/setup-your-zeppelin-notebook-for-data-science-in-apache-spark 或 http://hortonworks.com/blog/introduction-to-data-science-with-apache-spark/。

下面的屏幕截图显示了 Zeppelin 的主页面外观：

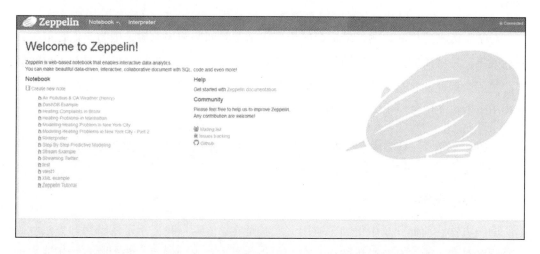

用户可以单击 Create new note 创建 notebook，位置在左侧列 Notebook 下的第一行。

接着，将打开一个对话框，允许用户输入 notebook 的名称，然后单击 Create Note 创建一个新的 notebook：

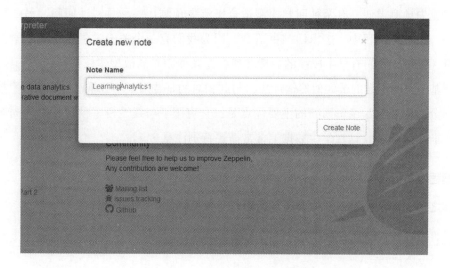

8.2 流失预测方法

在上一节中，我们描述了预测学生流失的例子，还准备了 Spark 计算平台。在本节，我们执行例子映射为机器学习方法的任务，为该流失预测项目选择分析方法或预测模型（方程）。

对学生流失建模和预测，最适合的模型包括逻辑回归和决策树，因为它们都取得良好的效果。一些研究人员利用神经网络和 SVM（支持向量机）模型，但结果并不比逻辑回归更好。因此，在这个练习中，我们将重点放在逻辑回归和决策树上，另外将随机森林作为决策树的扩展。然后，我们使用模型评估确定最好的模型。

与以往一样，一旦完成了分析方法或模型的决策选择，我们需要准备编码工作。

8.2.1 回归模型

回归方法在前面几章中得到了应用，尤其是在第 6 章，我们用了逻辑回归方法收到了良好的效果。由于预测学生流失与预测客户流失有很多共同点，我们将复用第 6 章中所展现的许多工作。

关于回归

与流失预测类似，有两种回归模型适合于流失预测：一种是线性回归，另一种是逻辑回归。在这个项目中，逻辑回归更适合，因为我们有一个关于学生是否离开学校的目标变量，甚至，我们有学生成绩的目标变量。逻辑回归是离散型建模选择的另一种方法，它采用基于逻辑函数的最大似然估计法，与此相对的是普通最小二乘法（线性概率模型）。对于二分类因变量，逻辑回归的主要优点是：它克服了与线性概率模型相关的固有的异方差（非恒定方差），这在学生数据上常常需要特别注意。

编程准备

和之前一样，在 MLlib 中使用逻辑回归，我们将使用以下代码：

```
val model = new LogisticRegressionWithSGD()
.setNumClasses(2)
```

8.2.2　决策树

正如第 6 章中的简要讨论，相对于回归方法，决策树易于使用，对缺失数据鲁棒，而且易于理解。这里，我们之所以用决策树，主要原因是其对于缺失数据的鲁棒性，因为在实际使用情形中，数据缺失是一个大问题。此外，决策树模型能生成良好的图表，可清晰地表达导致学生流失的各种特征因素的影响，所以它对结果解释和干预措施设计都是非常有用的。

随机森林来源于一组树，往往是数百棵，具有良好生成分数的功能，并且按照自变量对目标变量的影响作用进行排名。基于以上两个原因，我们在该例子中也使用随机森林方法。

编程准备

和之前一样，在 MLlib 中，我们可以使用如下代码：

```
val numClasses = 2
val categoricalFeaturesInfo = Map[Int, Int]()
val impurity = "gini"
val maxDepth = 6
val maxBins = 32
val model = DecisionTree.trainClassifier(trainingData, numClasses,
  categoricalFeaturesInfo, impurity, maxDepth, maxBins)
```

我们需要扩展目前的工作，延伸至应用随机森林方法，因此在 MLlib 环境下，我们将使用下面的代码：

```
// To train a RandomForest model.
val treeStrategy = Strategy.defaultStrategy("Classification")
val numTrees = 300
val featureSubsetStrategy = "auto" // Let the algorithm choose.
val model = RandomForest.trainClassifier(trainingData,
  treeStrategy, numTrees, featureSubsetStrategy, seed = 12345)
```

8.3　特征准备

在 2.6 节，我们回顾了特征提取的一些方法以及它们在 Apache Spark 上的实现。所有在那里讨论的技术也可以应用到我们这里的数据集，特别是利用时间序列来创建新特征的相关技术。

正如前面提到的，在这个项目中，我们有学生流失的目标分类变量和大量的人口统计、行为、成绩数据以及干预措施信息。其中，人口统计数据几乎随时可以使用，但需要与右表合并为特征列表的一部分。

特征名称	描述
ACT	平均 ACT 成绩
AGE	年龄
UNEMPLOYMENT	学生所在行政区域的失业率
FIRST_GENERATION	第一代学生的说明指标，使用"Y / N"选项
HS_GPA	高中的 GPA
PUBLIC_CODE	高中学校类型的说明
REP_RACE	学生报告的种族 / 族裔
DISTANCE	学生的家到学校的距离
SEX	学生性别
STARBUCKS	学生所在区域的星巴克数量

许多关于学生网络行为的日志文件也可用于这个项目，为此，我们将使用类似于 4.3 节中所讨论的技术。

在这个项目中，特征准备的重点是从 MOODLE 学习管理系统中提取更多的特征，因为这是学习分析的主要和独特的数据源，它涵盖了学生学习相关的、丰富多样的特性。它们通常包括学生的点击次数、时间和花费在每个学习活动上的总时数，还有可用阅读材料、教学大纲、作业、提交期限的统计数据等。

这里讨论的所有 Moodle 系统的方法和流程也可应用于其他的学习管理系统，如 Sakai 和 Blackboard。然而，对于学生行为数据，特别是对于那些需要根据来源于 Moodle 系统的数据点来测定的行为特征数据，需要大量的工作用来开展数据组织，以使数据富有意义和价值，然后将它们合并到主数据集。本章将包含这些内容。

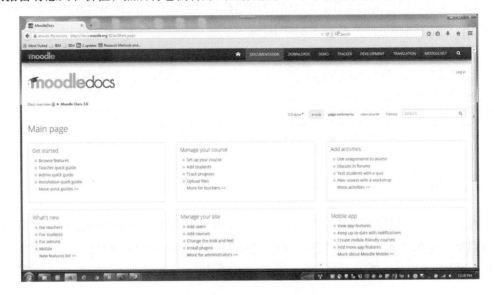

8.3.1　特征开发

在前面章节中，我们使用 SparkSQL、MLlib 和 R 语言进行特征提取。在这个项目中，我们可以使用所有这些技术，并把 SparkSQL 和 MLlib 作为最有效的工具。

关于 MLlib 特征提取的完整指南可以在如下网址找到：http://spark.apache.org/docs/latest/mllib-feature-extraction.html。

在这个项目中，从网络日志文件中提取有用的特征将增加不少数据价值。但是，实际上主要的挑战还在于组织现有的数据集，然后从中开发新的特征。特别是从 Moodle 导出的数据，有些是容易组织的，比如学生成绩和课堂出勤。然而，如果我们引入时间维度进行特征开发，即使使用成绩特征，成绩随时间的变化情况也将成为有用的信息。遵循这样的逻辑，可开发出很多新的特征。

除了上述特征，还有一些重要的与时间相关的数据项，如学生提交作业的具体时间，无论它是午夜、下午，或到期前数天或数小时，可以对此创建其中的一些分类特征。互动活动参加周期之间的时间间隔也很重要，可形成一些新的特征。

一些社交网络分析工具可用来从学习数据中提取特征、从而能衡量学生与教师、同学之间的互动程度，并形成新的特征。

在这个例子中，使用前面所考虑的特征关注点，我们可以开发出 200 多个特征，提高了建模工作的潜在高价值。

8.3.2　特征选择

我们手边数以百计的特征将帮助我们获得良好的预测模型。然而，正如第 3 章所讨论的，特征选择是绝对必要的，部分原因是为一个好的结果解释，并可避免过拟合。

对于特征选择，我们将采用在第 3 章中检验过的一个好策略，它采取三个步骤完成特征选择。首先，我们将进行**主成分分析**（principal components analysis，PCA）。其次，我们会运用领域知识帮助特征分组。最后，我们将应用机器学习进行特征选择，过滤掉多余的或不相关的特征。

1. 主成分分析

如果你使用 MLlib 进行主成分分析，请访问：http://spark.apache.org/docs/latest/mllib-dimensionality-reduction.html#principal-component-analysis-pca。此链接提供了一些示例代码，用户可采用和修改在 Spark 运行的 PCA。有关 MLlib 的更多信息，请访问：https://spark.apache.org/docs/1.2.1/mllib-dimensionality-reduction.html。

使用 R 语言，至少有如下 5 个函数可执行主成分分析：

- `prcomp()` `(stats)`
- `princomp()` `(stats)`
- `PCA()` `(FactoMineR)`
- `dudi.pca()` `(ade4)`
- `acp()` `(amap)`

我们还有用于结果概括和绘图方面的函数，基础统计包（stats）中的 prcomp 和 princomp 函数是常用的函数。因此，我们将使用这两个函数。

2. 领域知识辅助

就总体情况而言，如果应用某些领域知识，特征约简后的结果能获得极大改善。

在本例中，应用先前学生流失研究中使用的一些概念就是好的开始。它们包括以下内容：

- ❏ 学业成绩
- ❏ 财务状况
- ❏ 个人社交网络上的情感激励
- ❏ 在学校的情感激励
- ❏ 个人调整
- ❏ 学习模式

作为练习，我们根据特征是否可作为评价上述 6 个概念之一的指标，将所有开发的特征分成 6 组。然后，我们将执行 6 次主成分分析，每组数据类项执行 1 次。例如，对于学习成绩，我们需要对 53 个特征或变量进行主成分分析，以确定因子或维度可以完全表征学习成绩的信息。

在主成分分析练习的最后，每个类别我们得到 2 ~ 4 个特征，总结如下：

类　　别	因子数量	因子名称
学业成绩	4	AF1, AF2, AF3, AF4
财务状况	2	F1, F2
情感激励 1	2	EE1_1, EE1_2
情感激励 2	2	EE2_1, EE2_2
个人调整	3	PA1, PA2, PA3
学习模式	3	SP1, SP2, SP3
合计	16	

3. 机器学习特征选择

在 MLlib 中，我们可以使用如下的 ChiSqSelector 算法：

```
// Create ChiSqSelector that will select top 25 of 240 features
val selector = new ChiSqSelector(25)
// Create ChiSqSelector model (selecting features)
val transformer = selector.fit(TrainingData)
```

在 R 语言中，我们可以使用一些 R 程序包以便于计算。在现有程序包中，CARET 是一个常用的包。

8.4　模型估计

在上一节中，一旦最终确定了特征集，接下来的工作就是选定模型的参数估计，为此我们可以在 Zeppelin notebook 上使用 MLlib。

类似于我们之前做的工作，为了构建最好的模型，我们需要部署分布式计算，特别是对于各学生群体有不同的学习对象的情况。关于分布式计算的内容，读者可以参考前面的章节，在此不再赘述。

基于 Zeppelin notebook 的 Spark 实现

在 MLlib 中，随机森林算法选择 Scala 语言，我们将使用如下代码：

```
// Train a RandomForest model.
val treeStrategy = Strategy.defaultStrategy("Classification")
```

```
val numTrees = 300
val featureSubsetStrategy = "auto" // Let the algorithm choose.
val model = RandomForest.trainClassifier(trainingData,
  treeStrategy, numTrees, featureSubsetStrategy, seed = 12345)
```

对于决策树，我们将执行以下代码：

```
val model = DecisionTree.trainClassifier(trainingData, numClasses,
  categoricalFeaturesInfo, impurity, maxDepth, maxBins)
```

在 MLlib 中，对于线性回归，我们将运行下面的代码：

```
val numIterations = 90
val model = LinearRegressionWithSGD.train(TrainingData,
numIterations)
```

对于逻辑回归，我们将使用如下代码：

```
val model = new LogisticRegressionWithSGD()
.setNumClasses(2)
```

为了全部实现它们，我们需要先把前面所有的代码输入到 Zeppelin notebook 中，然后完成计算。

换句话说，我们需要在 Zeppelin notebook 中输入之前所描述的代码，如下所示：

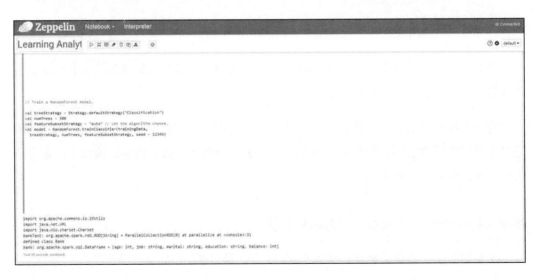

然后，我们可以按 Shift+ Enter 键运行这些命令，将获得下面屏幕截图所示的结果：

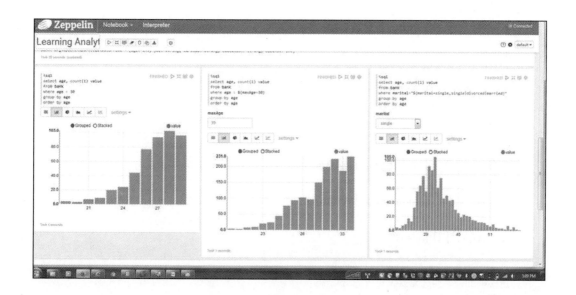

8.5　模型评价

在上一节中，我们完成了模型估计。现在我们该来评估这些估计模型，以检查它们是否符合客户的标准，这样我们可以推进到结果解释阶段或返回到以前的某个阶段来改进我们的预测模型。

在本节中要执行模型评估，我们将使用混淆矩阵和误差率。为了计算它们，我们必须使用测试数据，而不是训练数据。

以下是学生流失预测中的两种常见错误类型：

❑ 漏报（第一类错误）：这是指未能识别出一个具有较高离开倾向的学生。

从实际角度看，这是最不希望出现的误差，因为学生极有可能离开，大学则失去了采取保留学生的行动机会，从而对大学的收入产生不利影响，也影响学生未来的职业生涯。

❑ 误报（第二类错误）：这是指一个良好的、感到满意的学生被错划分为一个可能离开的。

从实际角度看，这种情况或许可以接受，因为这不会影响大学收入或学生未来的职业生涯，但是它会造成混乱，并可能浪费一些大学的资源，因为大学将采取行动，甚至提供一些特别援助来挽回这些学生。

8.5.1 快速评价

如之前所讨论的，MLlib 拥有返回混淆矩阵甚至误报数的算法。

MLlib 拥有 confusionMatrix 和 numFalseNegatives() 函数可以使用。

下面的代码计算错误率：

```
// Evaluate model on test instances and compute test error
val testErr = testData.map { point =>
  val prediction = model.predict(point.features)
  if (point.label == prediction) 1.0 else 0.0
}.mean()
println("Test Error = " + testErr)
println("Learned Random Forest:n" + model.toDebugString)
```

以下代码可用来获得估计模型的评价指标：

```
// Get evaluation metrics.
val metrics = new MulticlassMetrics(predictionAndLabels)
val precision = metrics.precision
println("Precision = " + precision)
```

为了可视化分类器性能，我们可以使用 ROCR 的 R 语言程序包。有关使用 ROCR 更多的信息，读者可以访问：https://rocr.bioinf.mpi-sb.mpg.de/。

8.5.2 混淆矩阵和错误率

任何投入使用的预测算法必定至少包含第一类错误。

在这个例子中，我们对一个测试数据集使用多种算法来预测学生流失。下面所示的屏幕截图是由前两种算法执行提供的结果：

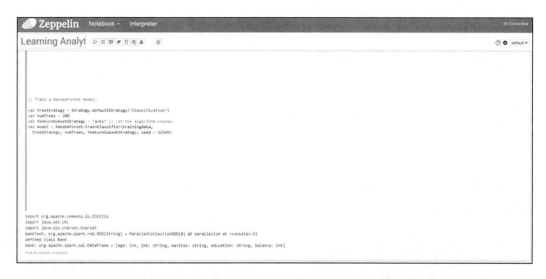

为了实现模型评估，我们需要采用 8.4 节中的方法。也就是说，我们需要将所有的代码输入到 Zeppelin notebook 中，然后运行模型评估部分代码来获得右边列表。

399 名学生存在流失风险。

85.34 % 准确率，即 (4257+342)/(4257+342+57+733)。

		预　　测	
		0	1- 流失
真实	0	4527	733
	1- 流失	57	342

利用前面的评估，我们能比较模型，并选择那些可接受的模型。

8.6　结果解释

在通过了模型评估阶段并确定了选择估计和评价模型作为最终模型后，我们下一个任务是向该大学领导和技术人员解释结果。

就机器学习结果的解释来说，首先大学特别感兴趣的是：了解他们所设计的干预措施是如何影响学生流失的，其次，对于常见流失原因，诸如财政、学习成绩、社会 / 情感激励以及个人调整，其中哪一个是最大的影响因素。

下一节我们将进行结果解释，重点关注那些具有较大影响作用的变量。

8.6.1 计算干预影响

下面内容简单地总结了一些结果样本，为此，我们可以使用从随机森林和决策树中生成的函数。

使用 Spark 1.5，你可以使用下面的代码获得特征权重向量：

```
val importances: Vector = model.featureImportances
```

使用 R 语言的 randomForest 程序包，一行简单的 estimatedModel$importance 代码将根据变量在确定流失中的重要性返回它们的排名。

干预措施的影响评估表如右表所示。

特征	影响
师生交流	1
助学金	2
研究分组	3
…	

这里，为了通过 randomForest 函数获得变量的重要性，我们使用所有数据对模型进行全面评估。它并没有真正解决我们的问题。

学习型组织真正需要的是实际可用特征的部分数据集来估计一个有限变量的模型，然后评估该局部模型的好坏程度，也就是说，流失甄别和误报率判断的准确情况。为了完成这个任务，利用 Apache Spark 运算速度快的优势有助于我们获得结果。

8.6.2 计算主因子影响

正如我们在 8.3 节中简要讨论的，主预测因子的选择可总结如下：

分　类	因子数量	因子名称
学业成绩	4	AF1, AF2, AF3, AF4
财务状况	2	F1, F2
情绪激励 1	2	EE1_1, EE1_2
情绪激励 2	2	EE2_1, EE2_2
个人调整	3	PA1, PA2, PA3
学习模式	3	SP1, SP2, SP3
合计	16	

大学领导有兴趣了解这些特征是如何导致学生流失的，对此我们可以按照前一节中所描述的执行。也就是说，我们需要针对前面的特征变量运用所获取特征重要性的代码，并按照重要性对特征排序。

对于逻辑回归结果，我们还可以应用方程 Prob(Yi=1) = exp(BXi)/(1+exp(BXi))，在某种程度上获得每个特征的影响。

8.7 部署

如前所述，MLlib 支持模型导出为**预测模型标记语言**（Predictive Model Markup Language，PMML）格式。因此，我们可以将这个项目开发的一些模型导出为 PMML，因为大学其他一些部门对我们的分析结果感兴趣，他们使用了其他系统，例如 SPSS。

然而，出于实用目的，该项目的用户会更感兴趣基于规则的决策来使用我们的某些洞见，以及基于评分的决策来降低学生流失。

特别是在该项目中，客户有意应用我们的结果，首先会决定为特殊学生群体调整课程安排或咨询采用何种干预措施，其次，大学会按照每个学生流失评估的分值情况启动一些干预措施。

因此，为满足大学的需要，我们需要把一些成果转化为基于规则的形式，并生成学生流失的风险评分。

8.7.1 规则

在 MLlib 或 R 语言中的所有算法都可以直接生成树，以便用户可以使用这些树直接推导出规则。

如前所述，对于 R 语言的分析结果，有几个工具可帮助从开发的预测模型中提取规则。

对于决策树模型的开发，我们应该使用 rpart.utils R 程序包，它可以提取规则并将规则导出为多种格式，例如 RODBC。

rpart.rules.table(model1) 返回与每个分支相关变量值（因子水平）的逆透视表，即使用了子规则。

然而，在这个项目中，部分是由于数据不完整的问题，我们使用一些洞见直接导出规则更好。也就是说，我们应该使用在上一节中讨论的洞见。例如，我们可以执行下列行动：

❑ 如果学习成绩急剧下降，我们可以联系相关教师。
❑ 如果学生的社交网络分数低于一定的水平，而学习成绩也显著改变（即使现在分数为低水平），意味着需要采取一些行动。

从分析角度来看，这里的主要问题是：在捕捉足够的流失数量时，要尽量最小化误报率。

该大学利用过去的规则有较高的误报率，基于这个原因，发送了太多的警报，导致手动检查工作增加了很大负担。因此，通过利用 Spark 快速计算的优势，我们仔细地生成规则，并为每个规则提供误报率，帮助该大学使用这些规则并提供有用的反馈。

8.7.2 评分

根据预测模型的系数，我们就可以得出学生流失的概率分值，但这需要做一些工作。

使用下面的 MLlib 代码，我们可以快速获得概率分值：

```
// Compute raw scores on the test set.
val predictionAndLabels = test.map { case LabeledPoint(label,
  features) =>
  val prediction = model.predict(features)
  (prediction, label)
}
```

上面的代码返回类别标签，但对于二元分类情况，你可以使用 LogisticRegression-Model.clearThreshold 方法。函数被调用后，predict 将返回原始分数：

$$f(z) = \frac{1}{1+e^{-z}}$$

不同于前面提到的分类标签，这些都在 [0，1] 区间范围，并且能用概率解释。

使用 R 语言，model$predicted 将返回用例类别作为 ATTRITION 或者 NOT。然而，prob=predict(model,x,type="prob") 会生成一个概率值，它可以直接作为一个分值。

可是，为了使用该分值，我们需要选择一个分值的分割点。例如，当流失概率得分超过 80 时，我们可以选择采取行动。

不同的分值分割点会产生不同的误报率，以及不同的捕捉可能流失的比例，为此用户需要对如何平衡结果做出决策。

利用 Spark 快速计算的优点，我们可以更快地计算出结果，这使得该大学可即时选择一个分割点，并按需进行更改。

处理这个问题的另一种方法是使用 OptimalCutpoints 的 R 语言程序包。

8.8　小结

在本章中，我们扩展了 Spark 上的机器学习以服务于学习分析，为此，我们基于 Apache Spark 的学生流失预测模型来快速开发例子，逐步完成了从学习管理系统和其他来源获取的大数据的处理过程。基于机器学习得到的结果，我们开发出规则和评分，NIY 大学依据这些规则和评分采取了相应的干预措施，减少了学生流失。

具体来说，我们首先选择了一个监督机器学习方法，根据这所大学的特殊需求与该项目的性质，重点是应用逻辑回归和决策树，之后，我们准备 Spark 计算环境，并在预处理数据阶段加载数据。其次，我们进行了特征开发和特征选择。第三，我们在 Spark 上使用 Zeppelin notebook 估计模型参数。接着，我们用混淆矩阵和错误率评估这些模型。然后，我们向大学领导和技术人员解释机器学习的结果。最后，我们部署机器学习成果，努力按每个流失概率对学生评分，但我们也使用洞见来制定相应的规则。

这个过程类似于在前面章节商业案例中使用的，例如流失建模的过程。然而，在应用于教育领域时，我们为特征开发和结果解释做了一些特殊的考虑。

学完本章，你应该对利用 Apache Spark 计算平台服务于教育机构有了全面的理解，它可更容易和更快执行监督机器学习工作，特别是开发学生流失预测模型。同时，针对教育机构，你对于如何将快速计算转变成分析能力也会有很好的理解。

Chapter 9 第 9 章

基于 Spark 的城市分析

本章继续第 8 章中的策略，我们将 Spark 机器学习进一步拓展到智慧城市分析领域，把机器学习应用到城市开放数据的分析上。换句话说，我们将拓展 Spark 机器学习的优势以服务城市管理。

具体来讲，本章我们首先介绍一下与服务请求预测项目相关的机器学习方法和计算，然后介绍借助 Spark 如何更便捷容易地实现。同时，通过实际的服务预测例子，我们将一步一步地说明使用大数据开展服务请求预测的机器学习过程。

这里，将使用服务预测项目来说明我们的技术和过程。也就是说，本章所描述的内容不局限于服务请求预测，也可以容易地应用到其他城市分析项目中，例如水资源使用分析。实际上，这些内容可以在不同类型的开放数据上应用不同的机器学习算法，开放数据可以由大学和联邦机构提供，例如，著名的引力波监测与研究项目 LIGO（关于 LIGO 项目的更多信息，请访问：http://www.ligo.org/ 和 http://www.researchmethods.org/ AlexLiu_CalTech_Jan21.pdf）。

在本章中，我们将覆盖以下主题：

❑ Spark 服务预测
  ● Spark 使计算更容易

- ❏ 服务预测的方法
  - 回归和时间序列
- ❏ 数据和特征准备
  - 数据合并与特征选择
- ❏ 模型估计
  - 模型估计
- ❏ 模型评估
  - RMSE
- ❏ 结果解释
  - 重要特征与趋势
- ❏ 模型部署
  - 规则与评分

9.1　Spark 服务预测

本节我们将详细介绍一个服务请求预测的实际例子，然后说明如何为这个实际的项目准备 Spark 计算环境。

9.1.1　例子

在美国乃至全世界，越来越多的城市已经向公众开放他们收集的数据。因此，一些城市（比如纽约和芝加哥）政府和很多其他组织有洞见地在这些开放数据集上进行机器学习，以提高决策制定水平，获取很多积极的影响。现在，使用大规模开放数据正成为一个趋势。例如在下文所要看到的，使用大数据度量城市正在变为一个趋势：http://files.meetup.com/11744342/CITY_RANKING_Oct7.pdf。

超过一半的人生活在城市，现在比例仍在增加，所以进行城市数据分析具有广泛的影响。因此，你在本章所学的知识能让数据科学家创造出巨大的正面影响。

在所有开放的城市数据集中，其中 311 个数据集与市民和政府服务有关，并向公众开放。下面列出了纽约、洛杉矶、休斯敦和旧金山城市数据的网址：

- https://nycopendata.socrata.com/Social-Services/311-Service-Requests-from-2010-to-Present/erm2-nwe9
- https://data.lacity.org/dataset/Clean-311/6y5f-2byv
- http://data.ohouston.org/dataset/city-of-houston-311-service-requests
- https://data.sfgov.org/City-Infrastructure/Case-Data-from-San-Francisco-311-SF311-/vw6y-z8j6

这些数据集的细节十分丰富，因此一些城市对利用数据进行未来服务请求预测和度量效率十分感兴趣。我们的一个合作者负责使用这些数据并结合其他数据，预测多个城市的服务需求，包括洛杉矶和休斯敦，使这些城市可以更好地分配它们的资源。

通过一些初步的数据分析，研究小组了解到他们的数据分析存在一些挑战，具体如下：

- ❑ 数据质量没有预期的好，例如，存在很多数据丢失的情况
- ❑ 数据准确性也是一个问题
- ❑ 数据存储在不同地方，需要将它们合并在一起

为应对上面提到的挑战，在本项目中，我们使用第 2 章中介绍的一些技术将数据集合并在一起，使用 Spark 技术处理数据丢失的情况为每个城市创建干净的数据集。

作为总结，下面简要描述这些预处理数据集：

	时间范围	请求数量	关闭比例	顶级代理
NYC（纽约）	2012 年 9 月至 2014 年 1 月	2 138 736	75.3%	HPD
SFO（旧金山）	2008 年 7 月至 2014 年 1 月	910 573	95.3%	DPW
Los Angeles（洛杉矶）	2011 年 1 月至 2014 年 6 月 30 日	2 713 630	?	LADBS
Houston（休斯敦）	2012 年	296 019	98.2%	PWE

从上面的表格中可知，主要是因为数据完整性的原因，我们只使用了开放数据的一部分。也就是说，对于每个初始预处理数据集，我们只选用某周期内数据集足够合并的、对于服务请求来说数据质量合理的数据。

9.1.2　Spark 计算

为本项目的服务请求预测建立 Spark 计算环境，我们将采用第 8 章中相似的策略，

以增加我们的学习能力。也就是说，在 Spark 计算部分，读者可回顾前面所学的东西。

正如在第 8 章中所讨论的，我们的项目可选择以下其中一种方法：

❑ 基于 Databricks 平台的 Spark

❑ 基于 IBM Data Scientist Workbench 的 Spark

❑ 基于 Spark 的 SPSS

❑ 仅使用 MLlib 的 Spark

在前面的章节中，即第 3 章到第 7 章，你已经学会了它们的使用方法。

上面提到的任何一种方法都适用于这个城市分析项目。具体来讲，你可以将这些代码看作本章开发的代码，存储在一个独立的 notebook 中，用上面提到的方法实现这个 notebook。

根据所描述的策略，类似于我们在第 8 章中所做的，以下我们将接触使用其中一种方法。然而，我们会花更多的精力学习 Zeppelin 方法，并回顾第 8 章中的技术。

使用 Zeppelin notebook 方法与第 8 章中类似，我们从下面的页面开始：

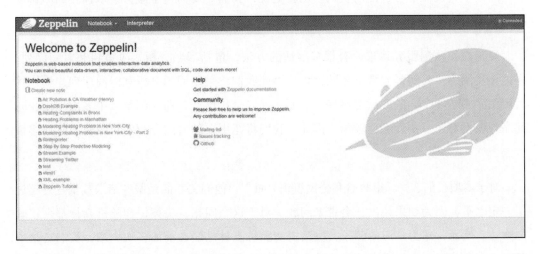

用户可以单击 Notebook 左侧栏第一行的 Create new note，开始在 notebook 中组织代码。

接着，弹出一个对话框，允许用户键入 notebook 的名称，输入名称之后，用户通过单击 Create Note 按钮创建新的 notebook。

9.1.3 服务预测方法

在上一节中，我们介绍了使用开放数据集预测服务请求的实际例子，以 Zeppelin notebook 为重点准备了 Spark 计算平台。在下面的 4E 框架中，机器学习的下一步是：完成实际例子到机器学习方法的映射。也就是说，我们需要为这个服务请求预测的项目选择基于 Spark 大数据的分析方法或预测模型（方程）。

要建模和预测服务请求，有很多合适的方法，包括回归分析、决策树和时间序列。在这个实例中，时间是非常重要的因素，因此我们将采用回归分析和时间序列建模，然后评估并判断哪个方法或组合最好。然而，回归分析已经在前面的章节中多次使用，时间序列模型对于一些读者比较新，因此，我们将花更多的时间介绍和讨论时间序列建模方法。

对于本项目的客户（市政府和公民组织）而言，他们关心的是服务请求数量是否超过了一定水平，因为如果超出，会带来问题。对于这个问题，决策树和随机森林都是正确的方法。然而，作为学习的例子，决策树和随机森林已经在前面多次介绍，我们还是主要介绍回归分析和时间序列建模。你会从模型选择的讨论中了解到我们经常需要使用一个新的建模方法，以满足客户的需要、达到最好的结果。

一如既往，一旦我们确定分析方法或模型，需要准备相关的变量和代码。

9.1.4　回归模型

到目前为止，你一定知道回归分析是各种项目中最常用的预测方法之一。

关于回归

正如我们所讨论的，有两类回归模型适合各类预测：一个是线性回归，另一个是逻辑回归。在本项目中，当我们把每日服务请求数量作为目标变量时，可以使用线性回归；如果我们想预测某一段时间某个地点某类型服务是否会被请求时，可以使用逻辑回归。

编程准备

在 MLlib 中，对于线性回归，我们使用以下的代码：

```
val numIterations = 90
val model = LinearRegressionWithSGD.train(TrainingData, numIterations)
```

对于逻辑回归，我们使用下面的代码：

```
val model = new LogisticRegressionWithSGD()
  .setNumClasses(2)
```

9.1.5　时间序列建模

本项目的数据具有时间序列性质。一般来说，时间序列是由以下部分组成的一系列数据点：

❑ 一个连续时间间隔上的连续测量
❑ 一个连续的时间间隔

在这个时间间隔中，任何两个连续的数据点之间的距离是相同的。例如，我们每天都有停车服务请求，因此我们有如下的数据模式：

第 1 天	第 2 天	第 3 天	第 4 天	第 5 天	第 6 天	第 7 天	第 8 天	……
20 个请求	31 个请求	19 个请求	35 个请求	22 个请求	39 个请求	13 个请求	28 个请求	……

关于时间序列

前人创建了很多时间序列模型，例如 ARIMA 模型，其算法在 R 语言和 SPSS 中均可以使用。

有很多关于使用 R 语言进行时间序列建模的介绍资料，部分网址如下：http://www.stats.uwo.ca/faculty/aim/tsar/tsar.pdf 或 http://www.statoek.wiso.uni-goettingen.de/veranstaltungen/zeitreihen/sommer03/ts_r_intro.pdf。

对于每天服务请求时间序列数据，例如从 2008 年到 2014 年的 SFO 数据，我们计划使用两个模型：**自回归滑动平均模型** (autoregressive moving average，ARMA) 和**自回归积分滑动平均模型** (autoregressive integrated moving average，ARIMA)。ARMA 模型使用两个多项式提供了一个（每周）平稳随机过程的简洁描述：一个是自回归，第二个是移动平均。ARIMA 模型是 ARMA 模型的泛化。

ARMA 模型和 ARIMA 模型均可以提供良好的未来服务请求预测。哪一个模型更好将取决于使用 RMSE 对模型评估的结果。

编程准备

R 语言提供了很多时间序列建模程序包，例如 timeSeries 或者 ts 程序包。

当进行 ARIMA 模型估计时，我们需要使用 ARIMA 函数，代码如下：

```
fit1<-arima(data1,order=c(1,0,1))
```

这里，我们使用 c(1,0,1) 来指定 ARIAM 模型的阶数。

MLlib 中的时间序列建模算法仍在开发过程中。然而，有些函数库已经开发出来帮助在 Spark 上进行时间序列建模，例如 Cloudera 开发的 spark-ts 库。

这个函数库允许用户对数据进行预处理、建立一些简单点的模型，以及评估这些模型。该函数库可被 Scala 调用。但是，该库还处在开发中，它所提供的功能远远不及 R 语言所提供的。

使用 spark-ts 库进行时间序列建模的例子，请访问：http://blog.cloudera.com/blog/2015/12/spark-ts-a-new-library-for-analyzing-time-series-data-with-apache-spark/。

9.2　数据和特征准备

在 2.6 节中，我们介绍了一些特征提取的方法，讨论了它们在 Spark 中的实现。当时讨论的所有技术都可以应用到我们现有的数据上。

在本项目中，除了特征开发，我们将在合并不同数据集以获取更多特征方面花费较多的精力。

因此，在本项目中，实际上我们需要进行特征开发、数据合并、特征选择，这将使用第 2 章和第 3 章中讨论的所有技术。

9.2.1　数据合并

为获取用于预测的特征，我们需要增加一些外部数据集，包括从美国国家气象预测办公室（National Weather Service Forecast Office）获得的气象数据，从开放数据门户获得的事件和日历数据，从人口普查数据源中得到的每个邮政编码区域的社会经济数据。

在 2.5 节中，我们介绍了数据连接的方法，以及 Spark SQL 及其他工具。该节描述的所有技术以及第 2 章关于一致性匹配和数据清洗的技术，都可以用在本章。

数据合并任务主要包括：首先是按照日期以天为单位进行合并，然后是按照邮政编码以区域为单位合并数据。也就是说，我们首先把所有 311 个请求数据按照天为特征重组为一个数据集，这将获得每天的请求数量和其他日特征。其次，第二个任务也很相似。我们将所有 311 个请求数据以区域为特征（这里是邮政编码）重组为另外一个数据集，以获取每个邮政编码区域的请求数量。学习如何重组数据集，读者可以参考 2.4 节的内容。

我们创建好上面提到的两个数据集之后，将第一个数据集与天气和日历信息合并，第二个数据集与人口普查数据合并。

合并事件数据和日历数据之后，我们将获得"是否为假期"、特殊事件、工作日和周末，以及其他新的特征。

合并天气数据之后，我们将获得每天下雨、下雪、平均气温、温度范围，以及其他的新特征。

在区域信息方面，我们基于邮政编码，合并人口普查数据之后，将获得就业、收入水平、人种等新的特征。

9.2.2 特征选择

以纽约市 311 个数据为例，我们已经获得 50 多个特征，包括请求的发生时间、服务的位置、服务请求的政府机构对象、请求的服务类型、请求处理时间以及请求结果等。

我们合并了前面提到的位置相关的数据集和时间相关的数据集后，将得到 100 多个可以使用的特征。

对于本项目的特征选择，我们将遵循第 8 章中使用的方法，利用主成分分析和领域知识对特征进行分组，然后应用机器学习进行最终特征的选择。然而，作为练习，我们不再重复之前学习的内容，而是尝试一些不同的方法。也就是说，我们将使用机器学习算法选择预测中最有用的特征。

在 MLlib 中，我们使用 ChiSqSelector 算法进行特征选择，代码如下：

```
// Create ChiSqSelector that will select top 25 of 400 features
val selector = new ChiSqSelector(25)
// Create ChiSqSelector model (selecting features)
val transformer = selector.fit(TrainingData)
```

在 R 语言中，我们使用 R 语言程序包简化计算。在可选用的程序包中，CARET 是最常用的程序包之一。

9.3 模型估计

一旦我们确定了上一节中的特征，接下来就是所选模型的全部参数估计，由于要对回归模型和时间序列模型进行估计，我们在本项目中使用 Zeppelin notebook 中的 MLlib 和 Databricks 中的 R notebook 进行参数估计。

与前面相似，为了得到最优的模型，特别是本例中不同类型服务预测，我们需要进行分布式计算。也就是说，我们将估计模型用于预测每类服务每天请求数量，这些服务请求有供暖、建筑、噪音、停车场和其他服务等。

为了完成不同服务类型的模型估计任务，我们需要对所有服务进行分组，分为服务类型集合。然而作为练习，我们仅选择前 50 个服务类型，接着通过并行计算对这 50 个模型进行估计。

关于分布式计算，读者可参考前面章节的模型估计内容，这里不再重复具体细节。整体来讲，如 9.1.3 节讨论的，我们主要使用回归模型和时间序列模型。根据目前已掌握的情况，对于回归分析，我们可以在 Spark 上的 Zeppelin notebook 中使用 MLlib 算法完成模型估计。对于时间序列，最好使用 R 语言进行建模，因此我们使用 Databricks 或 Data Scientist Workbench 环境实现建模，具体内容可以参考第 3 章和第 5 章。

9.3.1 用 Zeppelin notebook 实现 Spark

根据已经讨论的情况，为了使用回归方法预测每天的服务请求量，我们有以下特征：

❏ 区域相关的特征，例如就业率
❏ 天气特征
❏ 事件相关特征

在上节中，我们已经准备好了数据。现在，将数据分为训练集和测试集。因此，我们使用训练集进行模型估计。

在 MLlib 中，对于线性回归，我们使用下面的代码：

```
val numIterations = 90
val model = LinearRegressionWithSGD.train(TrainingData, numIterations)
```

对于逻辑回归，我们使用下面的代码：

```
val model = new LogisticRegressionWithSGD()
  .setNumClasses(2)
```

我们需要在 Zeppelin notebook 中输入前面的代码：

接着，我们按 Shift + Enter 组合键来运行命令，得到计算结果，如下图所示：

9.3.2 用 R notebook 实现 Spark

如上面所讨论的，对于时间序列建模，我们将使用 Databricks 环境中的 R notebook，这与第 3 章中我们所做的工作类似。

这样，我们可以使用 Databricks 环境的工作特征。具体来说，在 Databricks 环境中，我们单击 Jobs，创建作业，如下图所示：

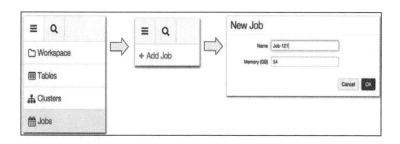

然后，用户可以选择 notebook 执行，指定集群、调度作业。调度作业之后，用户可以监视运行情况并收集执行结果。

9.4　模型评估

在上一节中，我们完成了模型的估计，现在到了对模型进行评估的时候了，看模型是否适合客户的标准，以此来决定我们应该进入到结果解释阶段，还是应重新回到前面的阶段来改善我们的预测模型。

在本节，我们主要使用均方根误差（RMSE）来评估回归模型和时间序列模型。此外，均方误差（MSE）也可以用于评估模型。由于与使用其他度量值的方法类似，作为练习，我们主要使用 RMSE 来评估模型。

在实际项目工作中，正如本章 9.1.3 节提到的，我们也使用决策树和随机森林模型，并用混淆矩阵和错误率对模型进行评估。因为这些方法已经在前面的章节中使用过几次，例如第 4 章，所以我们这里不再讨论这些模型评估方法。

与模型估计相似，我们在 Spark 上的 Zeppelin notebook 中使用 MLlib 计算回归模型的 RMSE。对于时间序列模型，我们使用 Spark 的 Databricks 环境中的 R notebook 计算 RMSE。

9.4.1　使用 MLlib 计算 RMSE

在 MLlib 中，我们使用下面的代码计算 RMSE：

```
val valuesAndPreds = test.map { point =>
  val prediction = new_model.predict(point.features)
  val r = (point.label, prediction)
  r
}
val residuals = valuesAndPreds.map {case (v, p) => math.pow((v -
  p), 2)}
val MSE = residuals.mean();
val RMSE = math.pow(MSE, 0.5)
```

除了上面的方法，MLlib 还为我们提供了 RegressionMetrics 和 RankingMetrics 类，可用于计算 RMSE。

9.4.2　使用 R 语言计算 RMSE

在 R 语言中，forecast 程序包包含一个 accuracy 函数，可以用于计算预测准确性和 RMSE。函数如下所示：

```
accuracy(f, x, test=NULL, d=NULL, D=NULL)
```

计算的误差类型有：

❑ 平均误差（Mean Error，ME）

❑ 均方根误差（Root Mean Squared Error，RMSE）

❑ 平均绝对误差（Mean Absolute Error，MAE）

❑ 平均百分比误差（Mean Percentage Error，MPE）

❑ 平均绝对百分比误差（Mean Absolute Percentage Error，MAPE）

❑ 平均绝对标度误差（Mean Absolute Scaled Error，MASE）

❑ 滞后 1 的自相关误差（Autocorrelation of errors at lag 1，ACF1）

为完成一个全面的评估，我们需要计算全部模型的 RMSE。然后比较它们，选择一个 RMSE 最小的模型。

更多关于预测方面 R 程序包的信息，请参考如下网址：https://cran.r-project.org/web/packages/forecast/forecast.pdf。

9.5　结果解释

与前面一样，在我们完成模型评估阶段，并选择了最终模型之后，下一个任务就是向市政府和技术人员解释我们的结果。

就解释机器学习结果而言，本市对了解哪些因素影响服务请求数量和服务请求随时间变化情况都特别感兴趣。

因此，为服务市政府和其他感兴趣的市政机构，我们需要将精力主要放在基于最终模型提交有关最大影响因素和时间序列趋势相关的结果上。我们需要开展结果解释和可视化工作，R 语言提供了很多很好的可视化解决方案。

9.5.1　最大影响因素

在寻找对目标特征影响最大的特征时，根据在前面章节所学的，随机森林方法是一个很好的解决方案。因此，Zeppelin notebook 安装完毕后，我们可以在一些算法中使用随机森林，当然，对我们来讲，需要将目标特征进行二进制重新编码。然后，如第 8 章所述，随机森林会给我们全部特征以及对目标变量影响的列表，还有很好的可视化图形。

然而，在本项目中，我们有一个连续值的目标特征，线性回归分析的结果也可以直接给我们所需的洞见。也就是说，在线性回归中具有较大系数的特征对目标特征的影响也较大。另一种评估预测因子的方法是使用相关联的 R 平方（R-squared），对此，当我们进行特征选择时，通常会更加深入。换句话说，找出最大影响特征可以与特征选择一起进行，如在 9.2 节中所描述的。

根据我们的结果，整体而言，我们会发现事件和假期是最大的影响因素，接着是工作日和周末，最后是天气。

1	**事件**
2	假期
3	周末
4	天气
…	…

线性回归模型和 ARIMA 模型都证实了类似的结果。

正如在第 5 章中所讨论的，R 语言提供了很多特别的程序包对预测特征进行评估和可视化，因此我们鼓励读者进一步探索。

9.5.2 趋势可视化

来自市政府和公共用户社区的用户，都对未来趋势感兴趣。因此，我们有一项重要的任务，就是对每个历史数据的趋势和预测值进行可视化。

考虑这样一个例子：我们需要生成一个 NYC 在 2013 年供热服务请求和噪声相关服务请求的变化趋势。

为生成这个图形，我们使用一些简单的代码，具体如下：

```
plot(Cmonth, HEATING_mean_month, main="% Heating and Noise
  Complains by Month", xlab="Month", ylab="% Complains", col="red")
points(Cmonth, Noise_mean, col="blue", pch=6)
```

下图显示了上述代码的输出结果：

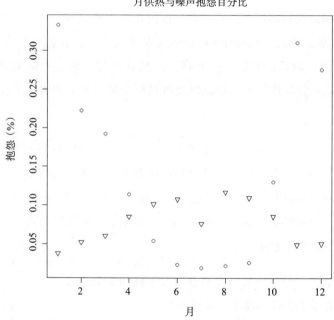

上面的图形由 R notebook 生成，显示了在 2013 年内噪声与供热相关的服务随时间变化的趋势，三角形符号表示噪声相关的服务请求，圆圈符号表示供热相关的服务请求。

该图清晰地显示了一个季节性趋势，冬天的供热相关服务请求与夏天相比多很多。

正如图中所示，噪声相关的服务请求在夏天比冬天多很多。

这里有另外一个例子：洛杉矶从 2010 年 7 月到 2015 年 1 月之间的环境卫生服务请求图形。

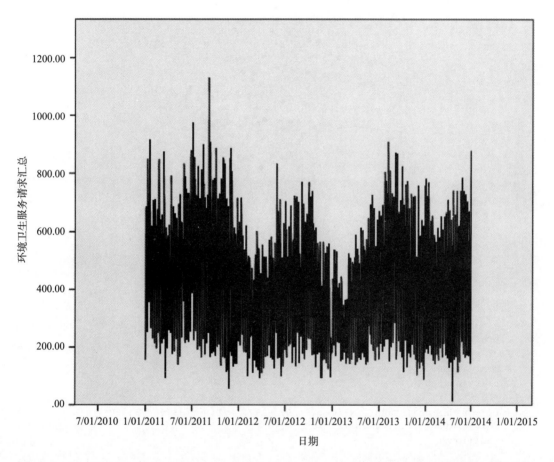

上面的图形也是由 R notebook 生成，显示了季节的明显影响，但这个趋势不容易解释清楚。

让我们再看另外一个例子：按照邮政区域，显示出洛杉矶在 2012 年和 2013 年高用水量区域。

近年来，洛杉矶经历了用水短缺的问题，因此市政府和几个市民组织对整体用水情况以及一些干预措施的影响十分感兴趣。

下面的图形也是由 R notebook 生成，图中使用点标识用水量高的邮政区域。

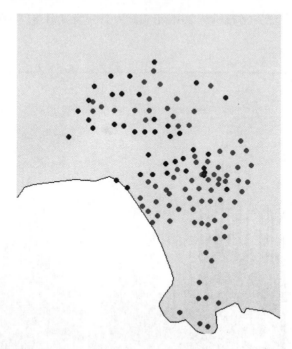

我们使用下面的代码生成上面的可视化图形：

```
library(maps)
library(mapdata)
library(maptools)
library(scales)

map("worldHires", "usa", xlim=c(-119, -117), ylim=c(33.50, 34.50),
  col="gray95", fill=TRUE
l<-abs(long)

long1<--l
points(long1, lat, pch=19, col="red", cex=1)
points(long1[FY.12.13 > mean(FY.12.13)], lat[FY.12.13 >
  mean(FY.12.13)], pch=19, col="blue", cex=1)
```

注意，我们在这里使用了几个程序包（包括 mapdata、maptools 和 scales）生成这个图形。

因此，根据我们目前的实践经验，R 语言提供很多可视化和预测的程序包，尤其是时间序列数据建模。而且，随着 Spark MLlib 的部署，将有更多的程序包。

这个项目的主要目的就是生成良好的预测模型，使用我们开发的回归模型，让城市按照每个邮政编码区域预测未来每天服务的数量规模。这类预测服务对于使用各类软件进行决策的各部门都具有一定的价值。

如前面所讨论的，MLlib 支持将模型导出为 PMML。因此，我们将这个项目的一些模型导出为 PMML。

实际上，本项目的用户通过基于规则的决策使用我们的洞见，对基于评分的决策评估这些区域单元更感兴趣。

具体来讲，在这个项目中，客户对应用结果感兴趣：首先，当服务数量非常高时，决定什么时候发出告警，因此需要建立规则。其次，开发评分，使用评分对区域进行排序，例如，根据邮政编码对区域排序，因此，城市可以使用排名来度量各地的表现以及规划未来。

除了前面的内容，客户通常也对使用时间序列模型进行服务预测感兴趣，其中 R 语言实际上有一个称为 forecast 的程序包可以使用：

```
forecast(fit)
plot(forecast(fit))
```

总结一下，对于这个特殊的项目，我们需要将结果转换为规则，并为客户生成一些评分。

发送告警规则

正如前面所讨论的，有很多工具可以用来从已开发的预测模型中提取规则，作为 R 语言的结果。

对于已经开发的决策树模型，评估服务请求数量是否超过一定水平，我们可以使用 rpart.utils R 语言程序包，该程序包能提取规则，并可导出不同形式的规则，例如 RODBC。

rpart.rules.table(model1)* 程序包返回与每个分支相关联的变量（因子水平）逆透视表。

然而，在本项目中，由于数据不完整的问题，我们需要直接使用一些洞见直接派生规则。也就是说，我们需要使用在上一节讨论的洞见。例如，我们可以做以下几点：

❏ 如果发生特殊事件，我们的预测会显示一定的服务请求急剧上升，并发出警报。
❏ 如果某地区的天气情况发生变化，一些特殊的服务请求将上升，因此，发出一个警报。

从分析的角度来看，我们同样面对这个问题，最少化错误告警，以确保足够的警告。

市政府过去的规则中有很高的误报率，结果是发出的告警太多，这成为一种负担，也造成了很多资源浪费。

因此，利用 Spark 的快速计算优势，我们精心生成规则，并对每一个规则提供误报率以帮助公司使用规则。

城市区域评分

随着我们的回归分析和时间序列建模准备就绪，我们有两种方法预测在未来的任何特定时间内每个邮政编码区域的服务请求的数量。

对于时间序列建模，如前面所讨论的，我们使用 R 语言的 forecast 程序包和下面的代码：

```
forecast(fit)
plot(forecast(fit))
```

对于回归模型，我们可以直接使用估计好的回归方程进行预测。或者使用下面的代码：

```
forecast(fit, newdata=data.frame(City=30))
```

一旦我们有了预测的服务请求数，生成评分的其中一种方法是使用最大数除以请求数。

只要我们得到了评分，就可以将所有的邮政编码区分为几个类别，并在地图上进行分析说明，以确定需要特殊关注的区域，如下图所示：

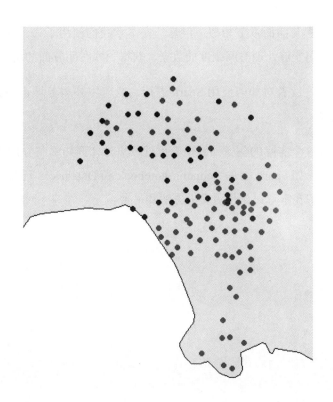

9.6　小结

在本章，通过一个服务请求预测的项目，我们逐步说明了使用大数据服务市政府以及相关市政机构的过程，此过程中我们使用 Spark 处理开放数据，建立了几个模型（包括回归模型和时间序列 ARIMA 模型）预测服务需求。然后，我们利用模型开发告警规则和邮政区域排名评分，帮助城市准备资源以衡量效率和社区级别。

具体来讲，我们在准备 Spark 计算环境和载入预处理数据之后，选择了一个监督机器学习方法，主要进行基于用户需求的时间序列建模。其次，我们通过合并几个数据集，从几百个特征中选择核心特征集，进行数据和特征准备。然后，我们在 Zeppelin notebook 中使用 MLlib 和 Databricks 中的 R notebook 完成模型参数估计。下一步，我们主要使用 RMSE 评估这些模型。接着，我们通过图形显示趋势，使用表格显示最大的预测因子等方式解释我们机器学习的结果。最后，我们主要以评分的方式部署机器学习结果，也使用洞见开发了规则。

　　本章的处理过程与前面章节相似。但是，在本章我们使用了一个新的方法，时间序列模型。这使得我们能够处理时间维度的数据，获得一些时间方面的洞见。

　　学完本章之后，读者对如何使用 Spark 进行商业应用和服务城市与大学的公共应用有了更深入的理解。

　　读者可以通过这个实际的例子回顾所有的建模方法（例如回归分析和决策树），以及 Spark 计算平台（例如 Spark 上的 Zeppelin notebook 和 Databricks 环境中 R notebook）。基于这个目的，我们在本章讨论了更多的方法和平台。

基于 Spark 的电信数据学习

在本章和下一章中，我们将使用与前面几章中不同的新方案，先从一系列体量巨大的数据开始，以数据引导我们的学习过程。换言之，我们会将 Spark 机器学习应用于特定类型的大数据集，然后利用 Apache Spark 平台简单、快捷的处理性能，数据需求和新的洞见将引导我们的机器学习得出有效用和可实现的洞察结果。本章我们将会处理电信数据，接着，在下一章中，我们将会处理各级政府创建和提供的开放数据。

参照前几章采用的工作过程，在本章，我们首先回顾机器学习方法和相关的 Spark 计算，以便使用电信数据来学习更多关于客户行为的洞见。然后，我们将讨论 Apache Spark 如何使它们变得比以往更容易的。与此同时，通过这个客户行为洞察探索的实际案例，我们还将按照 4E 工作流程，即方程选择、估计、评估和解释来逐步说明我们使用这些电信大数据为客户分段和客户评分的机器学习分解过程。

虽然你可能很期待获得 Spark 计算和相关工具（如 R 语言和 SPSS）的知识，但在现阶段，我们将根据机器学习的需要跳到 4E 方法。本章需要特别指出的是，我们将会继续处理发现洞见，为客户打分，然后为新开发的分数建立预测模型，以更深层次解决用户的问题。

在这里，我们使用实际的项目来说明我们的技术和处理过程，在计算方面，关注客户评分和分数解释。然而，本章所讲述的内容方法不仅仅局限于顾客评分的项目，还可以很容易地将其应用到其他的机器学习项目中，例如市场营销效用或服务质量研究。本章会涉及以下主题：

- ❏ Spark 电信数据学习
- ❏ 电信数据学习的方法
- ❏ 数据和特征探索
- ❏ 模型估计
- ❏ 模型评估
- ❏ 结果解释
- ❏ 模型部署

10.1　在 Spark 平台上使用电信数据

本节我们将以一个电信数据学习分析的实际例子开始，然后讨论如何为这项电信数据机器学习的实际项目准备 Apache Spark 计算平台。

10.1.1　例子

目前，美国和其他国家的电信公司拥有体量巨大的数据。许多电信公司已经开始认识到这些数据是他们最有价值的资产。他们已经开始利用数据，不仅仅是为了实现他们自身的数据驱动型的决策制定，更是为了实现他们以客户为中心的决策制定。特别是一些电信公司开始使用大数据分析，以便更有效地细分他们的产品和目标客户，从而获得更大的客户忠诚度，同时发挥新的创新商业模型的优势。他们还使用数据来提高经营效率，并提升客户体验管理效率。为服务他们的集团客户，一些电信公司已经开始使用数据来帮助实现更有效的客户群划分，以提升营销效果。

在这个练习中，VRS 电信公司向我们提供了一个大数据集。数据集包含了他们数百万个用户的电话数据和其他基本信息。

然而，原始数据仅仅是很多代码的集合，例如 1bbddf1…代表了用户 ID，73de6rd…代表位置。因此，我们需要利用一些领域知识，以便于更好地利用它们，然后从原始数据中开发出新的特征。

电信公司对从数据中学习到任何有用的洞见都很感兴趣。因此，邀请我们去探索任何可能从数据中学到的洞见，如果可能的话，再帮助他们构建一些模型以预测客户流失、呼叫中心电话，以及购买行为倾向。这些评分构建出来之后，还可以帮助用户去理解什么特征因素影响了这些分数。所以，这是一个非常实用的项目。它是数据驱动和问题驱动的项目。我们非常感兴趣展示 Apache Spark 技术，但是客户只对于 Apache Spark 技术如何更快、更好地帮助发现新的和有用的洞见感兴趣。

10.1.2 Spark 计算

正如 8.1.2 节中所讨论的，你可以为这类项目从下面几个方法中选取一个：基于 Databricks 平台的 Spark 计算，基于 IBM Data Scientist Workbench 的 Spark 计算，基于 Spark 的 SPSS，或者只带有 MLlib 的 Apache Spark 平台。你已经在前几章主要是第 3 章到第 7 章中学习了所有利用上述方法的细节。

前面提到的任意一种方法都能很好地应用在这个从电信数据中学习的项目。特别是，你可以用本章开发出来的代码，将它们放入单独的 notebook。然后，可以使用前面提到的任何一个方法执行 notebook。与现有的实现方法相比，推荐使用 notebook，特别是基于 Spark 的 SPSS。

作为练习，另外也为了更好地适应我们的数据和项目目标，我们会重点关注第三种和第四种实现方法，即使用基于 Spark 平台的 SPSS 和使用只带有 MLlib 的 Apache Spark。另外，我们也会使用基于 Databricks 平台的 R notebook，因为将清洗后的数据集迁移到其他平台并不难。

基于 Spark 平台使用 SPSS，我们需要 IBM SPSS Modeler 17.1 和 IBM SPSS Analytics Server 2.1，它们与 Apache Spark 平台可以很好集成。下面的截屏展示了在 SPSS Modeler 中创建 MLlib 节点：

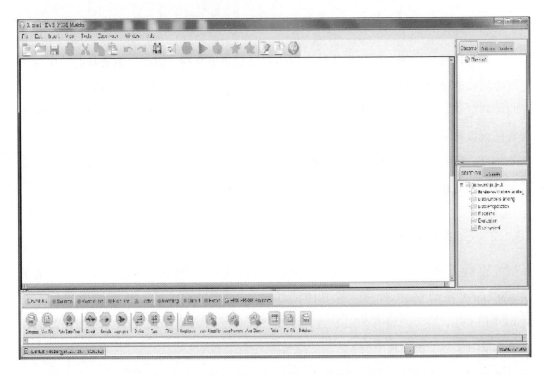

通过如上图所示的良好集成，SPSS Modeler 的数据科学使用者现在可以创建新的 Modeler 节点，用于开发 MLlib 算法并将他们共享，以便我们可以将第三种和第四种方法结合来实现它们。

10.2　电信数据机器学习方法

在上一节中，我们描述了使用新的动态方法从电信大数据中学习有关客户的洞见的使用案例，并且使用前面关注的基于 Spark 的 SPSS 和 MLlib 准备好了我们的 Spark 计算平台。按照前面章节采用的处理过程，机器学习的下一步需要将我们的例子映射到机器学习方法。我们需要为基于 Spark 平台的客户评分的大数据项目选择分析方法或者预测模型（方程组）。即使在机器学习过程中，我们也有可能需要跳回到这一阶段。我们仍然应该彻底完成这个阶段，并准备好所有需要的知识和代码，以便在机器学习过程中可以容易地返回到本阶段。

关于机器学习的建模，就是使用大数据为客户行为建模，在本例中就是选择离开或呼叫服务，或者购买服务。有很多合适的方法可用来建模，包括回归分析和决策树。在这个练习中，我们会同时使用回归分析和决策树。但是，由于回归分析和决策树均已经在前面的章节中使用多次，本章将会花更多的时间来构建估计模型。

然而，除了开发预测模型外，我们还需要实现一些探索工作。我们可以使用一些机器学习方法实现描述性统计和洞见的可视化。

和之前一样，我们选择好分析方法或模型后，在本项目中，我们需要在 MLlib、SPSS 以及 R 语言中分别做好编程准备工作。

10.2.1　描述性统计和可视化

在本项目中，我们的一项主要工作是为洞见发掘可用的数据，需要使用 R 语言、SPSS、MLlib 中的描述性统计和可视化功能。

一个最基本的数据挖掘方法就是建立交叉表，我们可以使用以下的功能：

❏ R 语言的表功能

❏ SPSS 中的 CROSSTAB

❏ MLlib 中的 colStats

对于可视化，R 语言拥有更好的绘图功能，我们可以使用它的 ggplot 程序包。

10.2.2　线性和逻辑回归模型

在本项目中，就创建预测来说，我们有两个目标标量：关于客户流失的二元变量以及关于呼叫中心的呼叫来电数量的数值变量。作为练习，我们可以创建线性回归预测呼叫中的电话数量，创建逻辑回归模型预测客户流失。

目前为止，你肯定已经非常清楚地知道回归是最常用的预测方法，在本书中很多的项目上都使用过它。

方便起见，对于线性回归，我们在 MLlib 中可以使用以下的代码：

```
val numIterations = 90
```

```
val model = LinearRegressionWithSGD.train(TrainingData,
  numIterations)
```

对于逻辑回归，我们可以使用一行不同的代码，如下所示：

```
val model = new LogisticRegressionWithSGD()
  .setNumClasses(2)
```

在 R 语言中，我们可以使用泛化线性回归的 glm 函数实现逻辑回归，使用 lm 函数实现线性回归。SPSS Modeler 中有一个回归节点可供我们使用。

10.2.3 决策树和随机森林

在这个案例中，决策树和随机森林都对用户流失与否进行建模，然后以树形展示结果。

具体来说，决策树模型使用一系列基于特性（例如呼叫数量、服务质量）比较的分支操作，来说明预测因子的影响力。这些预测因子相对于回归模型具有易用性、数据缺失情况下的鲁棒性、可解释性等特性。数据缺失情况下良好的鲁棒性对于本章的实用案例非常有帮助，因为在这里数据不完整性是一个很大的问题。

随机森林由一组树得出，采用良好的函数，通过对目标变量的影响来生成评分和排名预测因子，这对于帮助我们识别干扰以减少用户流失十分有用。不管怎样，数以百计棵树的结果均值以某种方式覆盖了细节，因此一棵决策树的解释仍然可以是非常直观和有价值的。通常认为，决策树优于随机森林。

如前所述，在 MLlib 中，我们可以使用下面的代码：

```
val numClasses = 2
val categoricalFeaturesInfo = Map[Int, Int]()
val impurity = "gini"
val maxDepth = 6
val maxBins = 32
val model = DecisionTree.trainClassifier(trainingData, numClasses,
  categoricalFeaturesInfo, impurity, maxDepth, maxBins)
```

对于随机森林，在 MLlib 中，我们可以使用下面的代码：

```
// To train a RandomForest model.
val treeStrategy = Strategy.defaultStrategy("Classification")
val numTrees = 300
```

```
val featureSubsetStrategy = "auto" // Let the algorithm choose.
val model = RandomForest.trainClassifier(trainingData,
  treeStrategy, numTrees, featureSubsetStrategy, seed = 12345)
```

关于决策树编程的详细手册，可以访问如下网址：http://spark.apache.org/docs /latest/mllib-decision-tree.html，关于随机森林编程的详细手册，可以访问：http://spark.apache.org/docs/latest/mllib-ensembles.html。

在 R 语言中，我们使用 R 语言程序包 randomForest 和 rpart 来实现随机森林和决策树模型，程序代码类似于以下代码：

```
library(randomForest)
library(rpart)

Model2 <- randomForest(default ~ ., data=train, importance=TRUE,
  ntree=2000)
Model3 <- rpart(default ~ ., data=train)
```

对 SPSS 而言，SPSS Modeler 有一个树节点和一个随机森林扩展包可供我们使用。

10.3　数据和特征开发

在 2.6 节中，我们回顾了一些特征提取的方法，并讨论了它们在 Apache Spark 平台上的实现。我们讨论过的所有技术都将应用在数据集上。

除了特征部署，在这个项目中，我们也需要花更多精力实现各种数据集的整合，从而获得更多的特征。

因此，在这个项目中，我们实际上需要去引导特征部署，然后，进行数据合并和重组，最后进行特征筛选，这会用到第 2 章以及第 3 章中所讨论的所有技术。为了能够让这个大型项目获取几个好的数据集，我们使用前面提到的技术做了大量的工作。

作为练习，我们将重点放在一些关键任务上，即根据日期重组数据，然后合并数据集，最后执行特征选择以获得一组良好的机器学习特征集。

10.3.1　数据重组

为获取更多、良好的特征来预测并使用数据服务于电信公司客户，我们需要添加一些额外的数据集，包括客户购买数据和一些开放数据。

在 2.5 节中，我们描述了使用 Spark SQL 和其他工具完成数据连接的方法。在那里描述的所有技术，以及第 2 章中描述的一致性匹配和数据清洗技术都可以用在这里。

对于这个数据重组任务，这里主要的关注点有：（1）根据日期聚合日期数据，（2）按照邮政编码和地址类型聚合位置数据。这就是说，首先，我们需要将所有的数据重组成为一个具有日期特征的数据集，也就是需要获取每日的呼叫数量和其他的日常特征。然后，第 2 个任务也类似，但是需要将所有的数据按照地址重组为另一个数据集，在这里是按照邮政编码。这意味着去获取诸如按照邮政编码的呼叫数量的特征。关于如何重组数据集，可以参考 2.4 节。

特别需要指出的是，所有用到的工具都具有实现数据合并功能的优秀函数。

SPSS 有一个 aggregate 函数，我们仅仅需要去指定某个日期或者地点作为一个分组，并且在函数创建新数据时指定总和或者均值。

R 语言同样也有一个 aggregate 函数，我们需要使用 by 指定某个数据作为一个分组，然后使用 FUN 指定函数，以便于创建新数据。

当我们创建完这两个数据集之后，我们可以合并第一个数据集和客户数据。

10.3.2 特征开发和选择

如前面章节所述，在合并位置相关数据集和时间相关数据集之后，我们便已经有超过 100 个准备好的可用特征了。

对于本项目的特征选择，我们可以按照第 8 章中使用的方法，也就是利用**主成分分析**（Principal Component Analysis，PCA），以及使用领域知识进行特征分组，然后在最终的特征选择阶段应用机器学习方法。然而，作为练习，你不会重复已经学过的知识。我们将尝试其他方法。这就是说，我们会让机器学习算法挑选在预测中更有用的特征。

在 MLlib 中，我们可以使用 ChiSqSelector 算法，如下所示：

```
// Create ChiSqSelector that will select top 25 of 400 features
val selector = new ChiSqSelector(25)
// Create ChiSqSelector model (selecting features)
val transformer = selector.fit(TrainingData)
```

在 R 语言中，我们可以使用 R 语言程序包，以便计算更加容易。在所有可用的程序包中，CARET 是比较常用的。

通过前面章节所描述的全部工作，数据重组、特征开发和选择均已完成。到目前为止，我们可以得到一个数据集，它具有以下的可用特征：

❑ 基本信息：location – state, account service length, area code, phone number, phone mftr, international call plan, and voice mail plan
❑ 使用信息：number vmail messages daily, total day minutes, total day calls, total calls dropped, total day charge, total eve minutes, total eve calls, total eve charge, total night minutes, total night calls, total night charge, total intl minutes, total intl calls, total intl charge, number Call Center calls, and call locations

尤其是对于我们的研究来讲，也有一个特定的特征，是关于订阅用户是否流失的，这是核心的有监督机器学习的本质目标变量。在前面的特征列表中，倒数第二个是 number Call Center calls 这也将作为我们有监督机器学习的一个目标变量被使用。

10.4　模型估计

完成了上一节提到的特征集之后，接下去的工作就是估计选定模型的所有参数，为此，我们采用了使用 Spark 上的 SPSS 方法，以及 Databricks 环境下的 R notebook，加上直接基于 Spark 平台的 MLlib。然而，为了更好地组织工作流，我们将主要的工作放在把所有的代码组织进 R notebook 中，以及 SPSS Modeler 节点编程上。

如前所述，在这个项目中，我们将会实施一些描述性统计和可视化的探索性分析，我们可以直接运行 MLlib 代码。同样，使用 R 语言代码，我们可以获得快速、良好的结果。

为了更好地建模，特别是在这个例子中，有各种各样的位置信息与各种各样的客户细分结合在一起，我们需要部署分布式计算。

关于分布式计算，你需要参考前面的章节，我们将使用 Apache Spark 以及 Databricks 环境下的 SPSS Analytic Server。

正如在 9.1.3 节中所讨论的，我们将为有监督的机器学习使用两种方法：回归和决策树方法。根据目前已经学到的内容，要应用回归方法，你可以使用 SPSS 或 R 语言完成模型估计。要应用随机森林建模，最好使用 R 语言，以便你可以在 Databricks 环境中使用 R 语言执行算法，这部分内容我们可以参考第 3 章和第 5 章中的内容。

借助于从上一节中得到的特征列表，我们拥有了订阅用户是否会离开的目标变量，以及另一个呼叫中心呼叫来电数量的目标变量。当对订阅用户流失建模的时候，呼叫中心呼叫来电数变量将会被作为一个预测因子。

对于决策树建模，我们使用下面的 R 语言代码：

```
library(languageR)
library(rms)
library(Party)

data.controls <- cforest_unbiased(ntree=1000, mtry=3)
set.seed(47)
data.cforest <- cforest(CustomerChurn ~ x + y + z…, data =
   mob_churn, controls=data.controls)
```

此外，我们在 Databricks 环境中使用 R 语言。与此同时，我们要使用 SPSS Modeler 去估计这些预测模型，因此，我们使用 SPSS Analytic Server。下面屏幕截图显示了已经开发了节点的 SPSS Moderler：

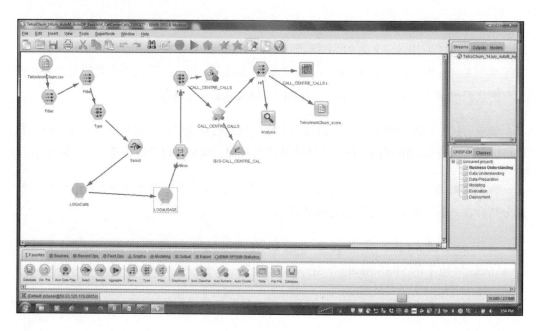

基于 Spark 的 SPSS：SPSS Analytic Server

IBM SPSS Modeler 17.1 和 Analytic Server 2.1 提供了与 Spark 平台的快速集成，这允许我们可以很容易地执行数据，并在建模现阶段创建数据流。

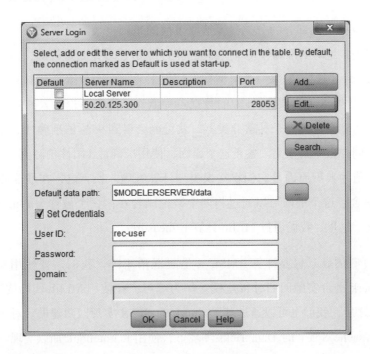

10.5　模型评估

在上一节中，我们总结了完成有监督机器学习的模型估计所需要的工具。现在，我们要评估这些模型，以检验它们是否符合客户的标准，再决定接下来进入到结果解释阶段，还是回到前面的阶段以完善我们的预测模型。

为执行模型评估，本节我们要用到均方根误差（Root Mean Square Error，RMSE）用来评估我们预测呼叫中心呼叫来电数量的线性回归模型，并使用混淆矩阵评估我们预测客户流失的逻辑回归模型，为此，要经常使用以下的分类数值：

❏ 真正 (TP)：标签是阳性的，预测也是阳性的
❏ 真负 (TN)：标签是阴性的，预测也是阴性的

❑ 误报 (FP)：标签是阴性的，但是预测是阳性的

❑ 漏报 (FN)：标签是阳性的，但是预测是阴性的

在这里，阳性意味着订阅用户离去，而阴性意味着订阅用户留下来。

上述四个数据是大部分的分类器评估权重值的基础模块。在考虑分类器评估时，一个基本的观点是：绝对的准确性（即预测准确与否）并不一定是最好的，因为数据集可能是高度不均衡的。例如，如果一个模型被设计用来通过一个数据集预测欺诈，而这个数据集有 95% 的数据点为非欺诈，5% 的数据点为欺诈，那么不论输入如何，都会将所有的数据点预测为非欺诈的一个朴素分类器，就可能会得到 95% 的准确性。在我们的案例中，流失比例同样也不是很高。鉴于这个原因，使用准确性（阳性预测值）和查全率（敏感性）的权重值的典型原因是它们将错误类型计算在内。换言之，在准确性和查全率之间需要权衡取舍，这个平衡可以通过将两个数值结合在同一个被称为 F-measure 的权重值中被捕捉到，这里，我们通过 MLlib 计算 F-measure。

类似于模型估计，想要计算 RMSE 并生成混淆矩阵，我们需要使用 MLlib，以便在 Apache Spark 平台实施回归分析建模。作为练习，在使用 MLlib 代码构建一个 SPSS Modeler 节点之后，我们也可以通过基于 Spark 的 SPSS 实现回归建模。对于逻辑回归建模，我们在 Apache Spark 的 Databricks 环境下，使用 R notebook 加以实现。实际上，我们对于 MLlib 和 R 语言两种计算 RMSE 和错误率的方法均有尝试，因为这个项目的一个主要目的就是去尝试超越 R 语言和 MLlib 工具的限制。

10.5.1 使用 MLlib 计算 RMSE

在 MLlib 中，我们可以使用以下的代码计算 RMSE：

```
val valuesAndPreds = test.map { point =>
  val prediction = new_model.predict(point.features)
  val r = (point.label, prediction)
  r
}
val residuals = valuesAndPreds.map {case (v, p) => math.pow((v -
  p), 2)}
val MSE = residuals.mean();
val RMSE = math.pow(MSE, 0.5)
```

除了上述的代码，MLlib 还在 RegressionMetrics 和 RankingMetrics 类中拥有一些函数，方便我们用来进行 RMSE 计算。

10.5.2　使用 R 语言计算 RMSE

在 R 语言中，forecast 程序包有一个 accuracy 函数，可以用来计算预测精度和 RMSE：

```
accuracy(f, x, test=NULL, d=NULL, D=NULL)
```

计算的测量值包括：

❑ 平均误差（Mean Error，ME ）
❑ 均方根误差（Root Mean Squared Error，RMSE）
❑ 平均绝对误差（Mean Absolute Error，MAE ）
❑ 平均百分比误差（Mean Percentage Error，MPE）
❑ 平均绝对百分比误差（Mean Absolute Percentage Error，MAPE）
❑ 平均绝对标度误差（Mean Absolute Scaled Error，MASE）
❑ 滞后 1 的自相关误差（Autocorrelation of errors at lag 1，ACF1 ）

为完成评估，我们需要计算估计所有模型的 RMSE。然后，对比并挑选拥有最小 RMSE 的模型。

10.5.3　使用 MLlib 和 R 语言计算混淆矩阵与错误率

在 MLlib 中，我们可以使用以下的代码计算错误率：

```
// F-measure
val f1Score = metrics.fMeasureByThreshold
f1Score.foreach { case (t, f) =>
  println(s"Threshold: $t, F-score: $f, Beta = 1")
}

val beta = 0.5
val fScore = metrics.fMeasureByThreshold(beta)
f1Score.foreach { case (t, f) =>
  println(s"Threshold: $t, F-score: $f, Beta = 0.5")
}
```

在 R 语言中，我们有如下代码可以用来生成一个混淆矩阵，在实现过程中，可以将它包含在 R notebook 中：

```
model$confusion
```

根据前几段的描述，我们为呼叫中心呼叫预测选择了线性回归模型，为订阅用户流失预测选择了逻辑回归模型。

10.6　结果解释

在完成模型评估阶段，选择经过估计和评估的模型作为最终的模型后，我们下一个任务就是向电信公司和他们的用户解释结果。

在解释机器学习结果方面，电信公司对于了解什么因素影响着呼叫中心呼叫量以及什么原因导致了订阅用户流失特别感兴趣。当然，他们对于其他方面的特别洞见也保持开放态度。

我们会聚焦在较大影响特征和一些特别的洞见上，继续完成这些任务。

10.6.1　描述性统计和可视化

使用 Spark 平台上的 R 语言和 SPSS，以及适当的 MLlib，有一个优势，就是能够快速获得分析结果。因此，我们获得了如下表所总结的洞见。

对于订阅用户流失，我们有如下两个表格，通过他们的电话制造商和我们的 6 类市场细分，总结了订阅用户流失率。生成的一些客户细分是电信公司执行的另外一个任务，但是，由于本书的篇幅限制，我们就不在这里详细讨论。你可以认为这是一个已经确定的特性。下面的表格展示了不同品牌的电话订阅用户流失率：

制造商	流失率	制造商	流失率
A	0.09	N	0.08
H	0.11	R	0.10
L	0.11	S	0.10
M	0.12		

下面的表格展示了不同细分市场的订阅用户流失率：

市场细分	流失率	市场细分	流失率
DG1	0.09	NS	0.10
DG2	0.05	NP	0.10
HB	0.13	UN	0.10

对于呼叫中心呼叫数，我们使用下面的两个表格，通过他们的电话制造商和每个市场细分，总结了订阅用户的平均呼叫数量。下表展示了不同品牌的电话的订阅用户的平均呼叫数量：

制造商	呼叫中心平均呼叫数量	制造商	呼叫中心平均呼叫数量
A	1.26	N	0.88
H	1.11	R	1.30
L	0.89	S	1.00
M	1.03		

下面的表格展示了不同细分市场的订阅用户的平均呼叫数量：

市场细分	呼叫中心平均呼叫数量	市场细分	呼叫中心平均呼叫数量
DG1	1.13	NS	2.31
DG2	2.86	NP	1.12
HB	0.50	UN	1.52

此外，我们还按照每个流失率和呼叫中心数量绘制了商店地图。下面是一个示例：

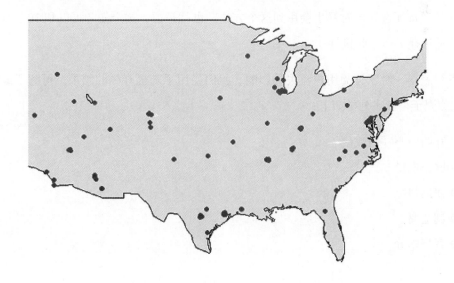

在上图中，我们使用了 R 语言代码完成了这项地图绘制工作。

接下来是使用 R 语言代码实现商店分布可视化的一个例子：

```
library(maps)
library(mapdata)
library(maptools)
library(scales)

map("worldHires", "usa", xlim=c(-120, -70), ylim=c(25, 55),
  col="gray95", fill=TRUE)
points(lon, lat, pch=19, col="red", cex=1)
```

10.6.2　最大影响因素

为了找到对于目标特征（订阅用户流失和呼叫中心呼叫数量）具有最大影响力的特征，在 Spark 计算环境准备好之后，我们可以很简单地使用随机森林算法。然后，正如我们在第 8 章中看到的，随机森林算法可以给出一个按照对于目标变量的影响程度排列的所有特征清单，并且可以很好地进行可视化图形展示。

然而，在这个项目中，由于呼叫中心数量作为一个具有连续值的良好目标变量，线性回归的结果可以直接给我们洞见。换言之，在线性回归中，那些具有更大系数的特征变量对于目标特征拥有更大的影响力。评估预测因子的另一个方法是使用关联的 R 平方，我们在处理特征选择的时候也会用到这个方法。也就是说，这个任务可以和 10.3 节中描述的特征选择工作一起执行。

不管怎样，对于订阅用户流失的影响，我们使用了随机森林的结果，得到了最大的 5 个预测因子，依次列举如下：

❏ 呼叫中心呼叫数量
❏ 服务质量
❏ 使用情况
❏ 制造商
❏ 客户细分

根据前面的结果，可以很容易且毫不意外地发现呼叫中心呼叫数量的影响是最大的，这也向电信公司说明了在哪些地方他们需要进行干预，以减少订阅用户流失。

对于呼叫中心呼叫数量，我们有 4 个影响最大的预测因子，依次列举如下：

❑ 服务质量
❑ 使用情况
❑ 制造商
❑ 细分

根据前面的结果，影响呼叫中心呼叫数量的主要原因是服务质量和呼叫使用情况，实际上，这两项的交互作用需要进一步挖掘。

10.6.3　特别的洞见

正如我们在上一节所见到的，服务质量对于客户流失和呼叫中心呼叫数量都有很大影响。

因此，客户对于学习了解一些关于服务质量水平和流失的相互关系很感兴趣，为此，我们使用 R 语言实现它们关系的可视化。我们发现在中等服务质量水平中有更多的客户流失现象。

这个结果可能反映出了两者的一个非线性关系。我们认为，这需要收集更多的关于该地理位置上有关的社会、经济、竞争的数据，以便我们进一步深入挖掘它们之间的关系。

10.6.4　趋势可视化

使用 Spark 计算可以实现很多的可视化，特别是在 R 语言的情况下。下面的图形就是一个例子。在这里，图形绘制出了超过一年的数据转换成功率，以展示一年内的服务质量变化。

2012 年的数据成功率

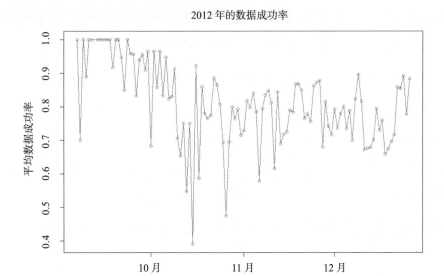

2012 年 9 月至 12 月

下图展示了 2012 年的 SMS 成功率：

2012 年的短信成功率

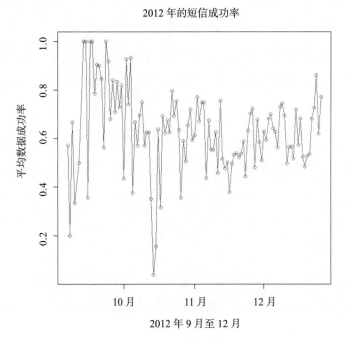

2012 年 9 月至 12 月

对于本项工作，我们可以使用如下的 R 语言代码：

```
library(lubridate)
Rtime<-ymd(day1)
plot(Rtime[event_type == "SMS"],
event_success_mean[event_type == "SMS"], col="red",
main="SMS Success Rate in 2012",
xlab="Sep to Dec 2012", ylab="Average SMS Success Rate"
lines(Rtime[event_type == "SMS"],

event_success_mean[event_type == "SMS"],
col="red", main="SMS Success Rate in 2012",
xlab="Sep to Dec 2012", ylab="Average SMS Success Rate")
plot(Rtime[event_type == "Data"],
event_success_mean[event_type == "Data"],
col="red", main="Data Success Rate in 2012",
xlab="Sep to Dec 2012", ylab="Average Data Success Rate")
lines(Rtime[event_type == "Data"],
event_success_mean[event_type == "Data"], col="red")
```

10.7　模型部署

这个项目的一个主要目的就是：在为该电信公司的一些客户提供洞见的同时，为电信公司预测每日的呼叫中心呼叫数量，生成良好的、可理解的预测模型，甚至减少订阅客户流失率。正如我们前面考虑的，MLlib 支持模型导出为预测模型标记语言 (PMML)。因此，在这个项目中，我们将一些开发的模型导出到 PMML，以便电信公司可以将它们整合到现有的分析和决策制定平台中。

实际上，这个项目的用户（电信公司的高管们）对基于规则的决策制定更感兴趣，以便使用我们的一些洞见，他们还对基于评分的决策制定感兴趣，以便影响订阅用户的流失。

特别需要指出的是，在这个项目中，客户对结果应用到以下情况感兴趣：（1）如果服务请求数量的变化可能如预测结果那样很高，决定何时应该发出一个告警，为此需要建立规则；（2）开发评分，并使用这些分数为商店排名，便于公司使用这些排名衡量绩效，干预商店的经营情况以减少订阅用户流失，并改变呼叫中心的工作态度。

总的来说，我们的特殊任务是：将一些结果转变成为规则，并为电信公司生成一些良好的评分。为这家电信公司的客户服务，要求我们按照购买倾向生成评分，以及规划制定一些更好的客户细分。

10.7.1 告警发送规则

如前所述，为了分析 R 语言得到的结果，有几个工具可以帮助我们从这些用 R 语言开发的预测模型中提取规则。

对于用来建立订阅用户是否会离开的决策树模型，我们可以使用 R 程序包 rpart. utils 提取规则，并将其用导出为多种格式，如 RODBC。特别需要说明的是，rpart.rules. table(model1) 将返回一个包含各种数值（因子水平）与各分支相关的逆透视表。

然而，在这个项目中，我们还会使用一些洞见直接导出规则。也就是说，正如上节描述的，当我们获得了丰硕的结果，需要使用上一节中所讨论的洞见。

从分析的角度，在这里我们面对着同样的问题：需要在保证足够的警告的同时最小化误告警数量。也就是说，如果发送了太多的告警，它将会成为一个巨大的负担，并导致许多资源的浪费和大量混乱。

因此，通过发挥 Spark 快速计算的优势，我们谨慎得出了规则，并且对于每个规则，我们提供了误报率，以帮助电信公司利用这些规则。事实上，这个阶段的工作会用到一些来自公司专家的领域知识，同时，一个良好的互动是保证成功的关键。

10.7.2 为流失和呼叫中心呼叫情况进行用户评分

使用线性回归和逻辑回归模型，我们可以很容易地得到评分。

在这个项目中，我们使用了流失可能性作为评分，还使用了呼叫中心预测呼叫数量除以最大呼叫数量作为另一个评分。

在 MLlib 中，我们使用类似如下的代码：

```
// Compute raw scores on the test set.
val predictionAndLabels = test.map { case LabeledPoint(label,
  features) => val prediction = model.predict(features)
  (prediction, label)
}
```

在 R 语言和 SPSS 中，我们也有产生评分的简单方法，你可以参考前面的章节。

10.7.3　为购买倾向分析进行用户评分

在完成数据清洗和客户交易数据合并之后，我们使用同样的方法开发预测购买和其他顾客行为的模型，类似于我们为预测呼叫中心呼叫数量和客户流失所做的工作，但是使用了一套不同的预测因子。

使用开发的预测模型，我们可以用 MLlib、R 语言或者 SPSS 为新的数据打分，但是在这个项目中，我们使用 SPSS 节点来完成。

10.8　小结

本章对前面章节（第 3 章到第 9 章）所描述和讨论的内容进行了扩展。在这里，我们采用了一个由数据和分析需求驱动的方法，而不是由预先定义的项目驱动的方法。我们还开发了一些为订阅用户在客户流失、呼叫中心呼叫可能性，甚至是在购买倾向方面打分的预测模型。

在本章中，通过一个实际的电信数据机器学习项目，我们经历了利用大数据服务于电信公司和客户的循序渐进的工作过程，其中，我们在 Apache Spark 平台上处理了一个体量庞大的数据。然后我们构建了几个模型，包括回归和决策树模型，以预测顾客流失、呼叫中心呼叫数量和购买倾向。接着我们使用这些结果，开发了告警规则，以及帮助电信公司及其客户开发了评分。与此同时，通过发挥 Apache Spark 快速计算能力，我们完成了一些探索性分析工作。

特别需要说明的是，在准备好 Spark 计算并加载预处理的数据后，我们首先选择了两个有监督的机器学习方法。第二步，我们通过合并一些数据集继续开展数据和特征准备，并进一步开发了特征。然后，我们为模型构建选择了一套核心的特征。第三步，我们通过直接在 Databricks 和 SPSS 中使用 MLlib 和 R notebook 完成了模型的参数估计。第四步，我们评估了这些估计的模型，主要是使用 RMSE 和错误率。然后，我们解释了机器学习结果，主要关注特别的洞见和最大预测因子。最后，我们通过开发一些评分部署了机器学习结果，同时也使用了洞见制定开发告警发送规则。

这个过程与前面几章中所使用的类似。但是，这里我们使用了一个更加动态的方法，为数据探索工作使用了描述性统计和可视化方法，然后在 SPSS、R 语言和 MLlib 中动态地工作，并在需要的时候切换到 4E 过程。

读完本章之后，读者应该对 Apache Spark 如何与 MLlib、R 语言和 SPSS 一起使用以执行富有成效的机器学习有了更好的理解。

特别是，在读完本章后，读者会达到一个动态地使用机器学习方法解决问题的新高度。也就是说，用户不再局限于一步一步线性地完成一个项目，而是会反复地处理以得到最优的结果。用户也会在 MLlib、SPSS、R 语言以及其他的工具之间切换，以获得最佳的分析结果。

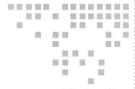

第 11 章 *Chapter 11*

基于 Spark 的开放数据建模

继续我们在第 10 章中所做的工作，在本章，我们将 Apache Spark 机器学习进一步延伸到一个开放数据学习项目。在第 9 章中，我们已经将机器学习应用于开放数据，在那里我们建立模型来预测服务请求。这里，我们将进一步提高研究水平，探讨开放数据转化为有用信息的机器学习方法，并通过学术成果、技术等构建模型对学区或学校进行评分。在这之后，我们将建立预测模型来解释这些学区排名和评分的影响因素。

按照章节结构，在本章，我们依然首先针对开放数据学习的实际项目回顾机器学习方法和相关的计算。然后，我们将建立 Apache Spark 计算平台。同时，通过实际案例，我们将进一步循序渐进地说明大数据的机器学习过程，进而证明第 10 章中采用的动态方法的优点，它将让我们能够快速生成结果。然后，我们深入开展机器学习以产生更多的洞见。换句话说，当你掌握了 Spark 计算和相关工具更多的知识（包括 R 语言和 SPSS），在此阶段，我们将根据需要围绕 4E 标准开展工作。此外，我们不会把工作仅限于一个项目或一个模型或特定过程。因此，特别是对于本章，我们将按工作需要去发现见解、评分学区，然后建立新开发的评分预测模型，让我们能够更好地解决客户的问题。

在这里，我们的目标是通过实际项目说明技术和过程，这些项目应用开放数据来学习。然而，本章中所描述的内容并不局限于学区评分和排名，你也可以很容易地应用到其他的评分和排名项目之中，如公司或国家的评分和排名。此外，它们实际上可以适用于基于各种开放数据集的机器学习项目。在本章，我们将讨论以下主题：

- ❏ Spark 用于开放数据学习
- ❏ 评分和排名方法
- ❏ 数据和特征准备
- ❏ 模型估计
- ❏ 模型评估
- ❏ 结果解释
- ❏ 模型部署

11.1 Spark 用于开放数据学习

在本节，我们将介绍使用开放数据来开展机器学习的实际案例，然后描述如何为现实生活中的项目准备 Apache Spark 计算环境。

11.1.1 例子

如第 9 章中所讨论的，在美国和全世界，越来越多的各级政府已经把他们收集的数据公开提供给公众。作为开放数据扩展分析的结果，许多政府和社会组织已经使用了这些开放数据集，以完善提升市民服务，这方面工作已经取得很多不错的成绩，例如以下网址提供的信息：https://www.socrata.com/video/added-value-open-datas-internal-use-case/。现在，城市数据分析拥有巨大的影响力，因为我们有一半人居住在城市，而这一比例仍在逐年走高。

特别是，研究者与实践者对使用大数据来衡量社区十分青睐，我们可以在如下网址看到相关情况：http://files.meetup.com/11744342/CITY_RANKING_Oct7.pdf。许多城市都有使用良好结果和公众使用的数据来衡量社区甚至更小的单位（如街道）的政策举措，例如以下网址提供了洛杉矶相关的信息：http://lahub.maps.arcgis.com/apps/MapJournal/index.html?appid=7279dc87ea9e416d9f90bf844505a54a。

利用现有的开放数据和计算工具，只是为了测量和排名会相对容易些。但是，为一些社区的特定属性生成准确和对象排名并不容易。这里，要求我们利用现有的开放数据与其他数据集进行组合，如人口普查数据和社交媒体数据，以改进社区排名，重点是学区或学校。

与此同时，我们还必须探索可用的开放数据，并尝试利用 Spark 机器学习工具为其建模。换言之，对于这个项目，除了要制定一个良好的评分来衡量和排名社区，也要求我们利用动态机器学习方法提供一些特殊的洞见。一旦准备好了排名，我们甚至被要求应用更多的机器学习方法探讨排名，这使得该项目名副其实地具有动态性，这项工作需要以 Spark 计算的易用性和快速性作为辅助手段。

然而，正如我们在第 9 章中所发现的，一切从数据开始。该数据集并不如我们预期的那么好，有以下问题需要我们去处理：

❏ 数据质量不如预期。例如，存在很多缺失情况。
❏ 数据准确性是另一个需处理的问题。
❏ 数据保存于不同的孤岛，需要合并在一起。

因此，我们仍然需要执行数据清洗和特征准备等艰巨的任务。幸运的是，我们已经拥有从数据到方程、估计、评估和解释的良好流程。

对于开放数据的机器学习工作，因为我们采取了动态方法，研究团队对教育数据感兴趣，会逐步将重点转向基于开放数据的学区排名工作。

关于这个主题，我们可以找到有关学校的一些开放数据：https://www.ed-data.k12. ca.us/Pages/Home.aspx。

加利福尼亚州政府也提供了一些开放数据：http://data.ca.gov/category/by-data-format/ data-files/。

11.1.2　Spark 计算

正如 8.1.2 节中讨论的，你可以为本项目选择以下其中一种方法：

❏ 在 Databricks 平台进行 Spark 计算
❏ 在 IBM Data Scientist Workbench 进行 Spark 计算

❑ 在 Spark 平台进行 SPSS 分析

❑ 单独使用 MLlib 的 Apache Spark

在前面的章节中，你已经逐一详细地了解了如何使用上述几种方法，相关内容主要是从第 3 章到第 7 章。

前面 4 种方法都应该能很好地应用于这个开放数据学习项目。特别是，你也可以采用本章中开发的代码，并把它们放到一个单独的 notebook 中。然后，可以使用其中一种方法执行 notebook。

作为练习，为最好地满足海量开放数据和快速排名的项目目标，我们将使用第 4 种方法，即利用 Apache Spark 的 MLlib 开展相关工作。但是，我们也需要使用 R 语言编程提供的很多更好的可视化和报告方法，我们也能利用第 1 种方法在 Databricks 平台进行 Spark 计算。同时，为充分利用 SPSS 中一些好的 PCA 算法，轻松开发相关的工作流，我们还需要使用基于 Spark 的 SPSS 分析，以实践运用 Apache Spark 的特殊动态方法。最后，为了满足创建多个数据清洗工作流的需要，我们还需要使用 Data Scientist Workbench 平台，借此平台应用 OpenRefine 技术。

让我们简要回顾一下前面提到的方法，以做好充足的准备。

正如在 1.2 节中所讨论的，Apache Spark 由 Spark 核心引擎和 4 个库（Spark SQL、Spark Streaming、MLlib 和 GraphX）构成统一平台。

由于 MLlib 是 Apache Spark 内置的机器学习库，对于开放数据机器学习项目来讲，它相对容易设置和扩展。

为了在 Databricks 环境中开展工作，我们需要执行以下步骤来设置集群：

1. 首先，你需要打开主菜单，然后单击 Clusters。之后会打开一个窗口，让你输入集群的名称。你可以选择一个 Spark 版本，然后指定节点任务的数量：

2. 创建好集群之后，我们可以到主菜单，单击 Tables 右侧的下拉箭头，然后选择 Create Tables 导入我们已清洗和准备好的开放数据集，如下面的屏幕截图所示：

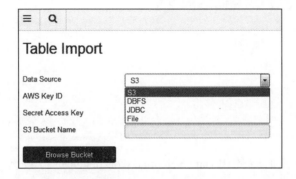

要使用 IBM Data Scientist Workbench，我们需要访问 https://datascientistworkbench. com/：

正如在前面的屏幕截图中所示，Data Scientist Workbench 涵盖 Apache Spark 安装，并且还具有一个集成的数据清洗系统 OpenRefine，因此，我们的数据准备工作可以做得更轻松、组织更好：

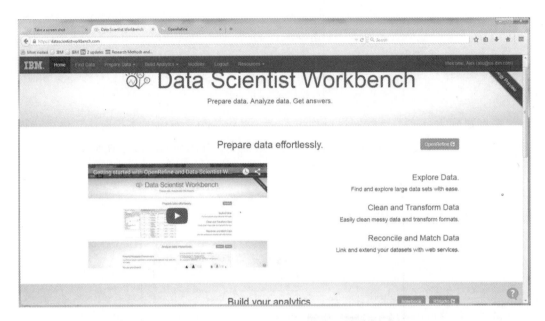

在本项目中，我们将使用 Data Scientist Workbench 进行数据清洗，创建部分 R notebook，以及实现 Apache Spark。关于它的设置，在前面章节所描述的一些 Apache Spark 技术应该能适用。

关于在 Spark 上开展 SPSS 分析，我们将使用 IBM SPSS Modeler 17.1 和 IBM SPSS Analytics Server 2.1，它与 Apache Spark 实现了很好的集成。

11.1.3 评分和排名方法

在上一节中，我们描述了由开放数据进行机器学习的例子，重点是利用开放数据对社区进行评分和排名，并且还准备了具备 R notebook、SPSS 工作流和 MLlib 代码的 Spark 计算平台。根据 4E 框架，机器学习下一步是要完成映射用例到机器学习方法的任务，为 Spark 开放数据评分和排名项目选择分析方法或预测模型（方程）。

将数据转化为洞见，我们需要探索多种方法，为此，动态方法应该能起到很好的作用。为了开展评分和排名工作，运用现有的分析工具和快速计算完成这个任务并不会非常艰巨。但是，要想获得客观、准确的排名则不是一件容易的事。有一种实现方法是集成多个排名，因为这将大大提高以往的研究结果水准。可以访问 http://www.researchmethods.org/Ranking-indicators 和 http://www.researchmethods.org/InnovativeAnalysisSociety 以获得更多信息。

因此，在本项目中，我们将采取动态办法，并将同时使用聚类分析和主成分分析等方法对开放数据进行探索式分析。然后，我们将利用这些知识构建一些排名和分数。之后，集成机器学习的结果以优化提升排名和分数。最后，我们将开发模型来解释各种特征对这些排名和分数的影响。然而，当采取动态方法时，我们会在这些计算阶段之间跳转切换，以达到最佳的结果。与以往一样，在最终决策确定了分析方法或模型之后，我们将准备相关的因变量和编码。

11.1.4　聚类分析

Spark MLlib 和 R 语言都有可用于聚类分析的算法：

```
// Cluster the data into two classes using KMeans
val numClusters = 2
val numIterations = 20

val clusters = KMeans.train(parsedData, numClusters, numIterations)

// Evaluate clustering by computing Within Set Sum of Squared Errors
val WSSSE = clusters.computeCost(parsedData)
println("Within Set Sum of Squared Errors = " + WSSSE)
```

在 R 语言中，我们可以使用如下代码：

```
# K-Means Cluster Analysis
fit <- kmeans(schooldata, 5) # 5 cluster solution
# get cluster means
aggregate(schooldata,by=list(fit$cluster),FUN=mean)
```

关于使用 Spark MLlib 进行聚类分析的更多内容，请访问：http://spark.apache.org/docs/latest/mllib-clustering.html。

11.1.5　主成分分析

Spark MLlib 和 R 语言都有用于主成分分析（PCA）的算法：

```
// Compute the top 10 principal components.
val pc: Matrix = mat.computePrincipalComponents(10) // Principal
components are stored in a local dense matrix.

// Project the rows to the linear space spanned by the top 10
principal components.
val projected: RowMatrix = mat.multiply(pc)
```

在 R 语言中，我们可以使用 stats 程序包中的 prcomp 函数。

了解更多有关 Spark MLlib 中的主成分分析，请访问：http://spark.apache.org/docs/latest/mllib-dimensionality-reduction.html。

除了聚类分析和主成分分析，我们也将利用回归模型和决策树模型，从而帮助我们理解更多有关社区如何归为某一类别或某一个等级的内容。

11.1.6　回归模型

到目前为止，你一定知道回归分析是各种项目中最常用的预测模型之一。

正如我们所讨论的，有两种回归模型适合于各种预测：一种是线性回归，另一种是逻辑回归。对于这个项目，在我们把每日服务请求量作为目标变量时，可以使用线性回归，如果我们想预测一定时间周期范围内某个特定位置的某种服务是否被请求，则可以使用逻辑回归。

为方便起见，对于 MLlib 中的线性回归，我们可使用以下的代码：

```
val numIterations = 90
val model = LinearRegressionWithSGD.train(TrainingData,
  numIterations)
```

对于逻辑回归，我们可以应用下面的代码：

```
val model = new LogisticRegressionWithSGD()
.setNumClasses(2)
```

正如我们前面所做的，在 R 语言中，对于线性回归模型和逻辑回归模型，我们将分别使用 GLM 和 LM 函数。

11.1.7　分数合成

一旦开发出了评分的分数，把它们合成的一个简单方法是使用每一个加权的分数构建线性组合。权重可采用主题知识或机器学习来确定。

除了上面这些，还有一些 R 程序包能用于分数合成。

11.2　数据和特征准备

使用开放数据开展工作的人员都认为工作中需要花费大量的时间清理数据集，很多工作关注的是数据处理的准确性和数据的不完整性。

此外，我们的一个主要任务是将所有数据集合并到一起，因为公开数据集包含的犯罪、教育、资源使用情况、申请需求、交通等是独立数据集。我们也有一些独立来源的数据集，例如人口普查数据。

在 2.6 节，我们回顾了特征提取的一些方法，并讨论了特征提取在 Apache Spark 上的实现。那里所讨论的技术也可以用于这里的开放数据。

除了数据合并，我们还需要花费大量的时间进行特征开发，因为我们需要基于特征来开发模型，从而获得这个项目的洞见。

因此，在这个项目中，我们必须进行数据合并，然后进行特征开发和选择，这些任务将会用到第 2 章和第 3 章中讨论的所有技术。

11.2.1　数据清洗

为了获得良好的数据集，需要大量的工作来完成清理数据的任务，尤其是处理数据的准确性和缺失值问题。

由于对数据清洗的需求很大，我们采用了一些特殊方法，实际上这也是一个动态的方法，我们使用一些工具来清理数据集，然后将它们组合起来用于机器学习项目。尤其是，我们也应用了在第 5 章中所讨论的 OpenRefine。OpenRefine 原来称为 Google Refine，是一个用于数据清理的开源应用程序。

我们团队的一些成员已经直接使用 OpenRefine。有关直接使用 OpenRefine 的更多信息，请访问：http://openrefine.org/。

要 在 Data Scientist Workbench 平 台 上 使 用 OpenRefine， 首 先 要 访 问：https://
datascientistworkbench.com/。

登录后，我们会看到下面的屏幕截图：

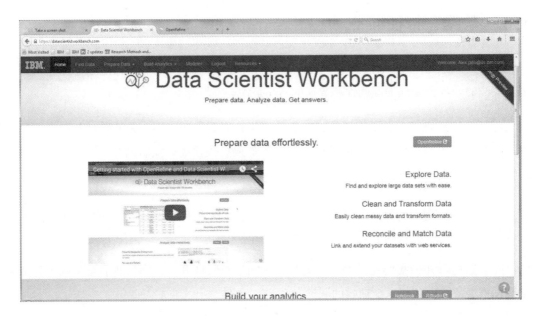

然后，单击右上角的 OpenRefine 按钮：

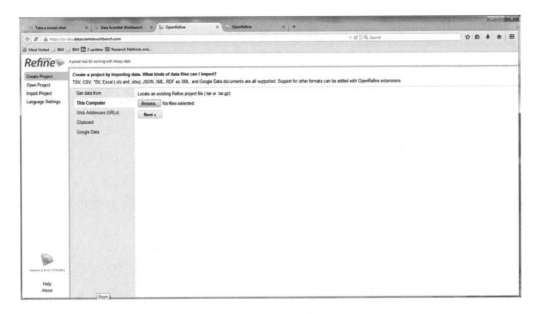

在此，我们可以从计算机或由 URL 地址导入数据集。

然后，我们可以创建一个 OpenRefine 项目做数据清理和相关准备工作。之后，我们可以通过拖放导出准备好的数据或者发送数据到一个 notebook 上。

在这个项目中，我们特别采用 OpenRefine 进行一致性匹配（核对）、复制删除，再和后续一些的数据集合并。

除了使用 OpenRefine，我们团队一些成员也要完成样本数据的清洗。然后，他们完成数据清洗的分布式计算流程编程，尤其是处理一些数据错误。

11.2.2　数据合并

在 2.6 节，我们描述了与 SparkSQL 以及其他工具进行数据连接的方法。所有在第 2 章中描述的数据技术，与一致性匹配、数据清洗技术一样都可以在这里使用。

对于数据合并任务，主要的焦点是按照每个邮政编码和学区位置进行数据合并。也就是说，首先，我们需要开展一致性分析，以确保我们有一个很好的 ID 来进行数据匹配。

然后，我们合并数据集。

接着，我们重新组织数据集的格式，以适应上一节中所选择的机器学习方法。

有关如何重组数据集的信息，可以参考 2.4 节中的相关内容。

具体来说，我们先从 https://www.ed-data.k12.ca.us/Pages/Home.aspx 上简单的数据开始。

然后，我们合并了几个数据集，如气象数据、人口普查数据和城市的教育数据集。

在此之后，我们将重新组织所有的数据以获得每个学区和每个学期的特征。

11.2.3　特征开发

作为练习，我们也使用了一些社交媒体数据，并开展了从数据中开发特征的工作。

社交媒体的一个简单特征是对于学校校长的社会影响力得分，作者以为其用处不是很大。但是，要获得所有学生或全体教师的社会影响力得分却是难事。

对于网络数据，我们获得了每个学校网站上的一些日志数据。使用一些类似第 4 章中的方法，我们从网络日志数据中提取一些特征。具体来说，要想描述分析它们并理解其意义，我们需要使用一些专业知识。因此，我们团队人工处理了一些样本数据。然后，他们应用发现的模式去编写 R 语言代码来解析数据，并把提取的信息转换为特征。这些特征包括点击次数，点击之间的时长，点击的类型等，特征被用来构建学校的交互特征。

11.2.4 特征选择

完成上一节中相关工作后，我们有 100 多种特征可供使用。

对于这个项目的特征选择，我们可以按照第 8 章中所用的主成分分析方法，并利用专业知识进行特征分组，再应用机器学习算法完成最后的特征选择。然而，作为练习，你不会重复已学到的内容，而会尝试不同的内容。也就是说，我们将让机器学习算法挑选预测中最有用的特征。

在 MLlib 中，我们可以使用如下的 ChiSqSelector 算法：

```
// Create ChiSqSelector that will select top 25 of 400 features
val selector = new ChiSqSelector(25)
// Create ChiSqSelector model (selecting features)
val transformer = selector.fit(TrainingData)
```

在 R 语言中，我们可以使用一些 R 程序包让计算更容易。在可用的程序包中，CARET 是常用的一个程序包。

在此之后，我们将获得具备如下样本特征表的海量数据：

❏ 校名
❏ 学校编号
❏ 毕业率
❏ 退学率
❏ 州考试 1 平均分

- ❏ 州考试 2 平均分
- ❏ 社交媒体参与度评分
- ❏ web 交互
- ❏ 家长参与度
- ❏ 户外运动
- ❏ 移动性
- ❏ 科技使用情况
- ❏ 学院连接

除此之外，我们还获得了以学区为单位的数据集，从而能计算出那些辖区内多于一所学校的学校平均分。

因此，除了前面的特征，我们也有以下一些学区特征的数据：

- ❏ 经济
- ❏ 犯罪
- ❏ 商业

我们有 2000 年至 2015 年期间的所有数据。

11.3　模型估计

上一节确定了特征集，接下来就是估计选定模型的所有参数，为此我们采用一种动态方法，即在 Spark 上使用 SPSS，在 Databricks 环境下使用 R notebook，在 Spark 上直接调用 MLlib。基于更好组织工作流的目的，我们精心组织所有代码导入到 R notebook，并为 SPSS Modeler 节点编码。

正如前面提到的，在这个项目中，我们需要为描述性统计和可视化进行一些探索性分析。为此，我们可以采用 MLlib 代码，并直接执行代码。此外，利用 R 语言代码，我们能获得快速和良好的效果。

为了实现最佳建模，我们需要部署分布式计算，特别是这种情况下：不同学区位置与多样化的父母客户群相关联。在美国，50 个州共有 13 506 个学区。不同州之间的差异很大。对于分布式计算，你需要参考前面的章节内容。我们将使用 Apache Spark 的 SPSS Analytic Server 与 Databricks 环境。

正如我们在 11.1 节所讨论的，监督机器学习主要使用回归方法。根据到目前为止所学的内容，对于回归分析，我们可以使用 SPSS 或 R 语言完成模型估计。为了在 Databricks 环境中实现，我们可以参考第 3 章和第 5 章。

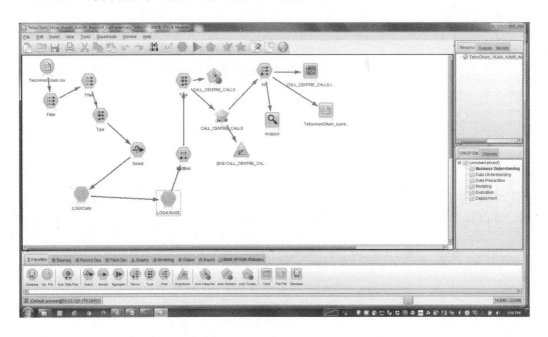

11.3.1　基于 Spark 的 SPSS 分析：SPSS Analytics Server

IBM SPSS Modeler 17.1 和 Analytics Server 2.1 提供了与 Spark 简单的集成，我们能够轻松地实现到目前为止内置的数据和建模流。

除了使用 SPSS Modeler 估计这些预测模型，还需用到 SPSS Analytics Server，我们也在 Databricks 环境和 Data Scientist Workbench 中使用了 R notebook。

至此，作为例子，我们获得的聚类分析图如下图所示：

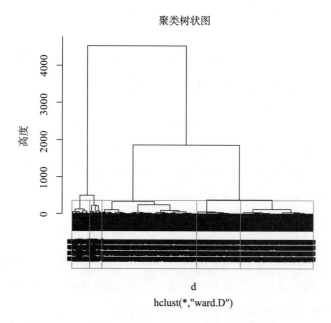

作为例子，我们基于 R 语言获得的 PCA 分析图如下图所示：

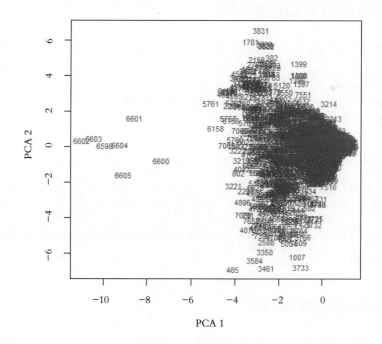

11.3.2 模型评价

在上一节中，我们完成了模型估计以及一些探索性分析工作。现在我们将评估这些模型以判断它们是否符合标准，由此决定是前进到下一步的结果解释阶段或回退到之前阶段以进一步优化我们的预测模型。

为执行模型评估，在本节，我们已经针对聚类分析和主成分分析进行了评价。但是，我们的重点仍然是评价预测模型，以排名作为我们目标变量的回归模型。在这个任务中，我们主要使用**均方根误差**（Root Mean Square Error，RMSE）来评价我们的模型，因为它能很好地评价回归模型。

就像我们在模型估计中所做的，为计算 RMSE，我们需要在 Spark 上使用 MLlib 的回归模型。同时，我们也会使用 R notebook，并在 Spark Databricks 环境中实现。当然，我们也使用了 SPSS Analytic Server 和一个动态方法。

11.3.3 用 MLlib 计算 RMSE

如同之前使用 MLlib 实现的良好效果，我们可以使用下面的代码计算 RMSE：

```
val valuesAndPreds = test.map { point =>
  val prediction = new_model.predict(point.features)
  val r = (point.label, prediction)
  r
}
val residuals = valuesAndPreds.map {case (v, p) => math.pow((v -
  p), 2)}
val MSE = residuals.mean();
val RMSE = math.pow(MSE, 0.5)
```

除了上述代码，MLlib 在 RegressionMetrics 类和 RankingMetrics 类中也有一些函数可用来计算 RMSE。

11.3.4 用 R 语言计算 RMSE

在 R 语言中，forecast 程序包提供了 accuracy 函数，可以用于计算预测精度以及 RMSE：

```
accuracy(f, x, test=NULL, d=NULL, D=NULL)
```

计算的指标还包括以下内容：

❑ 平均误差 (Mean Error，ME)

❑ 均方根误差 (Root Mean Squared Error，RMSE)

❑ 平均绝对误差 (Mean Absolute Error，MAE)

❑ 平均百分比误差 (Mean Percentage Error，MPE)

❑ 平均绝对百分比误差 (Mean Absolute Percentage Error，MAPE)

❑ 平均绝对标度误差 (Mean Absolute Scaled Error，MASE)

❑ 滞后 1 的自相关误差 (Autocorrelation of errors at lag 1，ACF1)

为完成一个完整的评估，我们为估计的所有模型计算了 RMSE。然后，我们比较并选择了那些具有较小 RMSE 的模型。

11.4 结果解释

按照本书所使用的 4E 框架，当我们通过了模型评估阶段，将选择好的估计和评价模型作为最终模型后，这个项目的下一步任务就是向客户解释结果。

在解释机器学习结果方面，客户尤其是对了解什么因素会影响已知、广泛采用的排名感兴趣。此外，他们也对新的排名与其他排名之间的差异，以及如何使用新的排名感兴趣。

因此，我们将致力于按照客户的请求开展工作，但不会涵盖所有的内容，这里的目的主要是为了展示相关技术。另外，对于保密性问题以及空间限制，我们不会赘述太多，但将更加注重利用技术寻求更好的结果解释。

总体而言，结果解释在这里很简单，其中包括以下三个任务：

❑ 呈现排名靠前的学校和学区名单

❑ 比较各种列表

❑ 解释因子的作用，如家长参与度和经济对排名的影响这个项目的一个主要成果是：我们运用集成方法以及良好的分析算法获得了更好、更准确的排名。然而，为客户解释相关结果工作非常具有挑战性，这也超越了本书的范畴。

在这里，我们实现的另一大提升是：可以按照各项要求实现快速生成排名的能力，例如按照学习成绩或将来的就业或毕业率，用户对这些感兴趣，可似乎仍需要时间采纳。但是，用户一旦理解了快速生成排名的好处，就越有可能使用 Apache Spark 计算。

所以，其结果是，我们提供了一些列表，并报告了排名比较和影响排名的因素。

11.4.1　排名比较

R 语言有一些程序包可以帮助我们分析和比较排名，例如 PMR 和 Rmallow。然而，在这个项目中，用户会首选简单的对比，如直接对比前 10 名的学校和前 10 名学区，这使我们的解释工作更容易一些。

解释工作的另一项任务是与其他人比较我们的排名列表，例如 http://www.school-ratings.com/schoolRatings.php?zipOrCity=91030 上提供的，或《洛杉矶时报》在 http://schools.latimes.com/ 提供的，或者由 SchoolIE 提供的排名列表。他们声称正在使用大数据评估学校，http://www.schoolie.com/ 上提供从多个视角而不是由单一角度开展的排名。

结果，我们发现排名更接近由 SchoolIE 创建的排名。

R 语言有一些算法来计算排名之间的相似性或距离，我们已经做了相关探索，但还没有用其服务于客户。这是因为我们采用了客户偏爱的简单比较的方法，它仍然是非常有效的。

11.4.2　最大影响因素

人们往往对一些学校的排名为何靠前而其他学校却靠后感兴趣，因此我们对最大影响因素的预测结果是非常有意义的。

在这部分，我们用回归估计预测模型得到了结果，为此我们用自己的排名以及一些知名的排名作为目标变量，如由《美国新闻与世界报》（US News and World Report）、一些州组织提供的那些知名排名。

在这个任务中，我们只使用 R 语言中的线性回归模型的系数即可告诉我们哪种因子有相对较大的影响。我们还使用了 Random Forest 函数为影响学校进入前 100 名的相关特征进行排名。换句话说，我们把列表分为"百强"和"其余部分"。然后，我们运行决策树模型和随机森林模型，接着用随机森林的特征 importance 函数来获得特征的影响排名列表，特征排名是按照其对学校是否进入"百强"目标变量的影响大小衡量。在 R 语言中，我们使用 R 的随机森林程序包中的 importance 函数。

根据我们的结果，对于一些沿海地区学校而言，社区经济状况、家长参与度和大学互联关系是所有影响因素中最大的。然而，科技的使用没有如预期的那样产生较大影响。

11.5　部署

在过去，用户大多把排名看作一种参考。通过这个项目，我们发现能帮助用户将我们的结果与他们的决策工具整合，这样有助于他们能更好地利用排名，也使他们的生活更轻松。对于这一点，简便合理地从排行榜生成规则以及根据排名形成分数就变得非常重要。

基于上述原因，我们的部署工作仍在继续致力于为决策者制定一套规则以及生成可用的所有分数，这些决策者包括学校和家长。特别需要注意的是，发送规则的主要任务是在排名变化剧烈时要提醒用户，尤其是当一个排名大幅下降时。该项目的用户也有获得他们管理绩效的所有得分和排名的需要。

本项目另一个目的是为用户建立良好的预测模型，他们可以使用我们开发的回归模型按人口变化来预测学校排名可能发生的变化。

前面提到的排名、得分和预测这三个需求，对各种用户都是有价值的，他们可以使用各种软件系统制定决策。因此，我们需要一个类似**预测模型标记语言**（Predictive Model Markup Language，PMML）这样的桥梁，它被许多系统采纳为标准。如前所述，MLlib 支持模型导出为 PMML。因此，我们可以在这个项目中将一些开发好的模型导出到 PMML。

在实践中，该项目的用户更感兴趣的是：基于规则的决策来使用我们提供的一些洞见，还有基于评分的决策以评估其区域内各个单位的表现。具体而言，在这个项目中，客户有意应用我们的研究结果：（1）如果排名已被更改或排名变化将有可能在未来发生，则决定何时发出告警，为此，应该要建立相关规则；（2）制定评分并使用它们来衡量绩效，以及为未来制订规划。

除此之外，客户也有意按照排名变化预测出席情况以及其他要求，实际上 R 语言的 forecast 程序包可用于此任务：

```
forecast(fit)
plot(forecast(fit))
```

综上所述，对于这些特殊任务，我们需要把一些成果转化为一些规则，为客户生成一些绩效分数。

11.5.1　发送告警规则

如前所述，对于 R 语言分析的结果，有几个工具能帮助从所开发的预测模型中提取规则。

为决策树模型开发的模型，无论服务请求级别是否超过一定的水平，我们应该使用 rpart.utils R 程序包，它可以提取规则并导出为各种格式，如 RODBC。

rpart.rules.table（model1）* 程序包返回与每个分支相关联的变量值（因子水平）的逆透视表。

然而，在这个项目中，部分是由于数据不完整的原因，我们需要利用一些洞见直接派生规则。也就是说，我们需要使用在上一节中讨论的洞见。例如，我们可以执行以下规则：

❏ 如果学生发生大的流动性以及家长的参与度下降，我们的预测将显示排名会急剧下降，因此将发送一个告警信息。

从分析的角度来看，我们在这里面临着同样的问题，最大限度地减少发送错误告警，同时确保有足够的警告。

因此，通过利用 Spark 快速计算的优势，我们精心生成规则，每条规则我们都提供误报率，帮助相关客户利用规则。

11.5.2　学区排名评分

凭借准备好的回归模型，我们有两种方法预测特定时间内的排名变化。

一种方法是使用所估计的回归方程直接做预测。

另一种方法，我们可以使用下面的代码：

```
forecast(fit, newdata=data.frame(City=30))
```

只要获得了分数，我们就能把所有的学区或者学校分为几类，并在地图上把它们标示出来，从而确定值得关注的特殊区域，例如，通过 R 语言生成了下图：

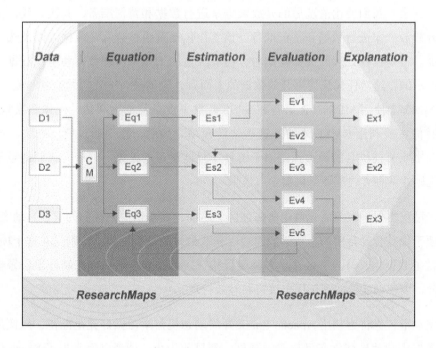

11.6　小结

本章所介绍的工作是第 10 章及第 9 章相关内容的进一步延伸。这是第 9 章的一个非常特殊的内容延伸，这两章都使用了开放的数据集。同时这也是第 10 章内容的延伸，因为这两章都采用了动态方法，使读者能够充分利用所有学到的技术，获取更好的机器学习成果并开发出最佳的分析解决方案。因此，本章可以看作回顾章节，为你综合了全部所学的知识。

在本章中，通过实际的开放数据机器学习项目例子，我们重复了在前面章节中所使用过的相同的、循序渐进的 RM4E 处理过程，我们基于 Apache Spark 处理了开放数据，然后选择了模型（方程）。我们估计了每个模型的系数，然后评估这些模型与模型性能指标。最后，基于估计的模型，我们详细地解释了相关结果。通过实际的开放数据机器学习项目案例，我们进一步展示了利用 RM4E 框架来组织机器学习过程的优点。

本章与前面几章有一点差异，具体而言，我们首先选择了动态机器学习方法，使用了聚类分析、主成分分析和回归分析。然后，我们准备了 Spark 计算平台和加载预处理的数据。其次，我们使用清洗后的开放数据集进行数据和特征准备，其次，我们使用清洗后的开放数据集进行数据和特征准备，该工作包括重组整合几个数据集以及选择一组核心特征。特别是在处理开放数据集时，需要大量的工作来清理数据和组织数据，正如本章所展示的，这对任何想使用开放数据的人而言，应该是一种独特的学习经验。第三，我们在 Spark 上使用 MLlib、R 语言和 SPSS 开发了度量特征表和估计出预测模型系数。第四，我们主要利用 RMSE 评估了这些估计模型。然后，我们通过使用列表、排名比较，以及影响靠前排名的最大预测因子解释了机器学习的结果。最后，我们侧重于通过得分和规则这两种方式部署了机器学习成果。

上述过程类似于在前面几章中所描述的。然而，在本章中，我们的重点是动态方法，该方法便于你结合到目前为止所学的内容以获取最好的分析结果。特别是在这个项目中，我们探讨了数据集，并为学区建立多种度量特征表和排名，然后借此制订出告警规则和绩效得分，以帮助学校和家长作出决策和绩效管理。

学完本章，你将为利用 Apache Spark 开展动态机器学习做好充足准备，以便从海量的开放数据中快速地建立起可操作的洞见。到目前为止，读者已经掌握了 Spark 计算的处理过程、框架以及各种方法。读者要能够充分利用它们自身或任意组合的优点来获得最佳的机器学习结果，不应有所受限。